EXPÉRIENCES

SUR

L'EMPLOI DES EAUX DANS LES IRRIGATIONS

ET SUR

LES LIMONS CHARRIÉS PAR LES COURS D'EAU

STRASBOURG, IMPRIMERIE AD. CHRISTOPHE.

EXPÉRIENCES

SUR L'EMPLOI DES EAUX

DANS

LES IRRIGATIONS

SOUS DIFFÉRENTS CLIMATS

ET

SUR LA PROPORTION DES LIMONS CHARRIÉS PAR LES COURS D'EAU

PAR

M. HERVÉ MANGON

Ingénieur en chef des Ponts et Chaussées,
Professeur à l'École des Ponts et Chaussées et au Conservatoire des Arts et Métiers.

SECONDE ÉDITION

PARIS

DUNOD, ÉDITEUR

LIBRAIRE DES CORPS IMPÉRIAUX DES PONTS ET CHAUSSÉES ET DES MINES
49, Quai des Augustins, 49.

1869

TABLE DES MATIÈRES.

EXPÉRIENCES SUR LES LIMONS CHARRIÉS PAR LES COURS D'EAU.

(2ᵉ Mémoire.)

AVERTISSEMENT.

J'aurais désiré pouvoir ajouter à cette seconde édition de mes *Expériences sur l'emploi des eaux dans les irrigations*, de nouvelles séries d'études et la solution de quelques-unes des questions soulevées dans ce travail lui-même. Les circonstances ne m'ont point permis, depuis 1864, de poursuivre de nouvelles observations *continues*, et je préfère reproduire sans modifications mon premier mémoire que d'y introduire les expériences isolées que j'ai pu faire depuis quelques années.

Dans les recherches de cette nature, les expériences isolées sont utiles à celui qui les entreprend pour confirmer ses opinions, ou lui indiquer de nouvelles voies de recherches. Mais les séries d'expériences, régulièrement poursuivies, offrent seules assez d'éléments d'exactitude pour mériter d'être soumises au jugement des hommes qui s'occupent sérieusement de questions agricoles.

On trouvera à la suite du mémoire sur les irrigations deux mémoires sur les *limons charriés par les cours d'eau*. Le premier de ces mémoires a paru en 1864, le second est inédit.

L'étude des limons est intimement liée à celles des irrigations. Les matières solides que les eaux charrient sont aussi utiles à l'entretien de la fertilité du sol que les matières solubles qu'elles renferment le sont au développement de la végétation.

Les colmatages, malheureusement si peu développés dans notre pays, ont pour l'agriculture, considérée dans son ensemble, un intérêt immense. Puissent les recherches que nous publions attirer l'attention sur les richesses que les fleuves enlèvent aujourd'hui aux continents.

Juillet 1869.

EXPÉRIENCES

SUR

L'EMPLOI DES EAUX DANS LES IRRIGATIONS

SOUS DIFFÉRENTS CLIMATS.

(PREMIER MÉMOIRE.)

———⁓⁓⁓———

INTRODUCTION

Importance des irrigations. — Les irrigations si nécessaires à l'accroissement de la richesse agricole d'une contrée, sont loin de présenter en France le développement qu'elles peuvent recevoir.

La surface totale des terrains régulièrement arrosés utilise à peine le vingtième des eaux disponibles et représente une fraction insignifiante des prairies naturelles de notre pays (1).

A l'exception de la Durance, assez bien utilisée dès à présent, tous nos grands cours d'eau ne fournissent, pour ainsi dire, rien à l'agriculture. Le Rhône coule inutile au milieu des plaines desséchées du Midi. La Seine, la Loire,

(1) La surface des terrains régulièrement arrosés ne dépasse peut-être pas 100,000 hectares. La statistique officielle donne un total beaucoup plus élevé, mais dans lequel figurent des terrains irrégulièrement submergés par les crues des cours d'eau et que l'on ne peut classer, au point de vue technique, parmi les véritables irrigations régulières obtenues par des travaux d'art convenablement établis. Les départements les plus riches en irrigations sont les Vosges, l'Ariége, les Bouches-du-Rhône, les Hautes-Alpes, le Tarn, la Drôme, le Var, etc.

le Rhin, etc., n'alimentent aucune irrigation importante, et leurs affluents secondaires ne sont guère mieux employés.

Cependant personne n'ignore que les eaux d'irrigation fournissent aux prairies les principes fertilisants nécessaires à la production des fourrages, qui servent à l'entretien du bétail et à la formation des fumiers destinés à se transformer à leur tour en végétaux utiles et surtout en céréales.

Les eaux d'irrigation sont donc, pour l'agriculture, une source immédiate d'engrais, qui, pour chaque centaine de mille mètres cubes d'eau employée, produit au moins l'équivalent d'un bœuf de boucherie. Le moindre de nos fleuves, quand ses eaux ne sont point utilisées en irrigation, entraîne donc à la mer, sans profit pour personne, la valeur de plusieurs têtes de gros bétail par heure et plusieurs milliers de têtes par année.

Personne n'ignore non plus que, dans beaucoup de cas, on a vu l'irrigation doubler, tripler et même décupler la force productive du sol et sa valeur.

L'utilité des irrigations ne saurait donc être douteuse et l'on comprend dès lors tout l'intérêt qui s'attache à la solution des problèmes relatifs à ce puissant moyen d'améliorations agricoles.

Volume d'eau employé. — Parmi ces problèmes, l'un des plus importants à résoudre et des plus controversés est celui de la détermination du volume d'eau véritablement nécessaire aux irrigations.

Quand on étudie la pratique des arrosages dans diverses contrées, on observe, en effet, non sans étonnement, que les cultivateurs emploient, en général, d'autant plus d'eau que le climat sous lequel ils se trouvent est plus froid et plus humide.

Les irrigations de l'Espagne ou celles de l'Algérie dépensent infiniment moins d'eau que celles de l'Angleterre ou de l'Écosse. Les irrigateurs de la Provence se contentent d'une très-faible fraction du volume d'eau exigé par les irrigateurs de l'est, de l'ouest et du nord de la France.

C'est ainsi que, dans l'une de mes irrigations du département de Vaucluse, j'ai dépensé moins d'un litre d'eau par seconde et par hectare pour me conformer à l'usage constant du pays, tandis que, pendant la période correspondante, dans l'une de mes irrigations des Vosges, en prenant également pour règle l'usage constant de la contrée, j'ai dû consommer près de 50 litres par seconde et par hectare, et plus de 200 litres en prenant la moyenne de l'année entière.

Question à résoudre. — Ce contraste extraordinaire soulève une question d'un haut intérêt, tant au point de vue agricole que sous le rapport administratif, et autorise à se demander si l'on n'abuserait pas des eaux d'arrosage dans les pays froids et si l'on ne pourrait pas y réduire la dépense à ces faibles volumes dont se contentent les agriculteurs du Midi? En d'autres termes : des différences de consommation aussi étonnantes que celles que l'on vient de signaler sont-elles justifiées par la nature des choses, ou bien sont-elles le simple résultat d'une routine aveugle, comme l'admettent, sans doute, les personnes qui ont proposé de soumettre le régime des irrigations dans toute la France à une règle unique et invariable? Telle est la question que j'ai été appelé à résoudre.

Cette question a été souvent agitée; car, dans notre pays, elle domine tout le régime de l'usage des cours d'eau. Mais elle l'a été sans résultat, les agriculteurs du Nord ayant toujours maintenu leurs exigences, et les adversaires de leurs opinions à cet égard n'ayant jusqu'ici à leur opposer que des chiffres pris dans la pratique du Midi, dont le véritable sens leur échappait.

Ce n'est pas que la science n'ait éclairé de lumières certaines quelques-uns des points fondamentaux de la théorie des irrigations : MM. Chevandier et Salvétat ont indiqué le rôle qu'y jouent les matières azotées tenues en dissolution dans les eaux; M. Boussingault a spécifié l'importance capitale des nitrates et de l'ammoniaque; M. Maitrot de Varennes a appelé l'attention sur les effets de l'oxygène dissous dans ces eaux. Mais les expériences isolées de ces savants ne permettaient pas de répondre par des chiffres précis à la question qui m'était posée : Pourquoi les irrigateurs du Nord réclament-ils une quantité d'eau cent ou deux cents fois plus grande que celle qui semble suffisante aux irrigateurs du Midi ?

Expériences exécutées. — Pour résoudre ce problème, et j'espère y être parvenu, il a fallu, non des expériences isolées, mais de longues séries d'observations comparatives et plusieurs années d'un travail soutenu, car on ne pourrait écarter autrement tant de causes d'erreur que toute expérience isolée comporte quand il s'agit d'agriculture.

J'ai employé dans mes cultures, placées comme il convenait aux deux extrémités de la France, les irrigateurs les plus habiles des localités adoptées, et j'ai suivi leurs pratiques jour par jour, mesurant exactement les volumes d'eau employés, constatant avec précision la composition de l'eau à l'entrée et à la sortie, me rendant compte enfin de la quantité des récoltes obtenues et de leur composition.

Mes expériences, poursuivies pendant trois années sur des champs de cultures différentes, embrassent des milliers de jaugeages, de déterminations météorologiques et d'analyses dont on trouvera l'exposé dans ce mémoire et dont il serait difficile de présenter ici un résumé complet. Je me bornerai à quelques indications indispensables pour faire apprécier le caractère de ce travail et en justifier les conclusions.

J'ai opéré dans les Vosges, sur deux prairies arrosées par la Meurthe, l'une de trois quarts d'hectare, l'autre d'un hectare, et, dans le département de Vaucluse, sur quatre terrains en prairies ou en cultures diverses, dont trois arrosés par la Durance et un par la Sorgue.

Les jaugeages, au nombre de plus de mille, ont été effectués à l'aide d'une vanne ou de déversoirs dont les débits ont été vérifiés à l'aide du tube de Pitot, perfectionné par M. Darcy, et quelquefois, à l'aide de jaugeages directs, avec des vases de capacité connue.

Les eaux destinés à l'analyse étaient recueillies à l'entrée et à la sortie à chaque arrosage, dans le Midi, et une fois par jour dans les arrosages continus des Vosges.

Les récoltes ont été faites absolument par les méthodes en usage dans les localités où je m'étais placé. J'ai laissé faire les cultivateurs ; mais tous les produits qu'ils obtenaient ont été pesés avec la plus grande attention. On a déterminé par l'analyse, sur des échantillons moyens, tous les coefficients nécessaires à l'appréciation de la teneur générale des récoltes elles-mêmes.

La température de l'eau était mesurée chaque jour à l'entrée et à la sortie du champ soumis aux expériences.

Résumé des conclusions. — Les conclusions que j'ai dû tirer de ces expériences peuvent se résumer de la manière suivante :

1° Dans les arrosages du Midi, comme dans ceux du Nord, l'azote contenu dans les eaux, à l'état de combinaison, intervient au profit du sol, et se fixe dans les récoltes.

Mais dans les arrosages à petits volumes du Midi, l'azote fourni par les eaux est inférieur à l'azote représenté par les récoltes, et le rôle de ces eaux, à titre d'engrais, est tout à fait secondaire. Les fumiers et la fertilité acquise du sol comblent le déficit, qui naturellement serait d'autant moindre, cependant, que la quantité d'eau dont on pourrait disposer serait plus grande.

Dans les irrigations à grands volumes des pays froids les eaux employées jouent le rôle de véritables engrais. Elles fournissent non-seulement tout l'azote emporté par la récolte, mais aussi celui qui, répondant à l'accroissement de fertilité du sol, se fixe dans celui-ci.

Pour les irrigations qui ont fait l'objet de nos études dans le Midi, l'azote emprunté à l'eau par saison, pour 1 hectare de prairie, représente au plus 23 kilogrammes, tandis que dans les Vosges cette quantité peut s'élever à

250 kilogrammes pour la même surface et pour le même temps.

Pour les irrigations du Midi, la quantité de fumier employée par hectare et par saison représente au moins 121 kilogrammes d'azote, quantité qui, réunie à l'azote provenant de l'eau, reste inférieure à l'azote contenu dans la récolte.

Pour les irrigations des Vosges, non-seulement il n'a point été employé de fumier, mais l'azote contenu dans la récolte ne s'élève pas à la moitié de celui qui est fourni par l'eau d'arrosage.

Et pour conclure, si la prairie des Vosges, qui fournit par an 102 kilogrammes d'azote dans la récolte, était mise au régime du Midi pour les irrigations, elle ne trouverait dans l'eau que 23 kilogrammes d'azote, c'est-à-dire moins du quart de ses indispensables besoins.

On pourrait donc souhaiter plus d'eau aux irrigations du Midi; mais réduire d'une manière notable le volume des eaux consacrées aux irrigations du Nord, ce serait méconnaître ou dénaturer leur rôle et leur faire perdre immédiatement leurs avantages spéciaux.

2° On peut envisager les irrigations du Midi comme nécessaires pour refroidir le sol, pour donner l'eau de végétation aux plantes et pour favoriser l'état d'humidité du sol qui rend immédiatement autour d'elles la nitrification abondante.

Les irrigations du Nord réchauffent souvent le sol au lieu de le refroidir, elles lui fournissent toujours des produits azotés récoltés au loin dans l'air ou dans les terres que l'eau a traversées et au moyen desquels le champ ou la prairie arrosée empruntent, à de larges surfaces, des principes de fécondité qu'une nitrification moins active ne leur fournirait pas sur place.

3° Les eaux d'irrigation, en passant sur les prairies des Vosges, même pendant l'été, ne leur cèdent qu'environ 30 p. 100 de l'azote qu'elles renferment. Il n'y a pas lieu ...

de compter qu'on puisse accroître sensiblement cette proportion de matières utilisées, car elle exprime aussi le chiffre observé sur des eaux peu différentes dans les irrigations à petit volume du Midi, réputées si parfaites et si efficaces; comme si les plantes ne puisaient plus rien dans les eaux d'arrosage quand leur richesse en azote descend au-dessous d'un chiffre déterminé.

Ainsi s'explique l'expression qui, dans les pays d'irrigation, fait désigner sous le nom d'eaux *dégraissées* celles qui, ayant déjà servi à l'arrosage, ont perdu leurs facultés fertilisantes.

4° Les gaz dissous dans les eaux d'irrigation y jouent un rôle sérieux. L'acide carbonique, comme on l'a déjà remarqué, se montre plus abondant à la sortie qu'à l'entrée. Conformément à la théorie de M. Chevreul, l'oxygène offre une proportion inverse. Les eaux d'irrigation déterminent donc dans le sol des phénomènes de combustion lente, semblables à ceux que le drainage produit. Les quantités d'oxygène entrées et sorties par hectare et par saison dans une prairie du Midi étant respectivement égales à 74 mètres cubes et à 9 mètres cubes, il en résulte une disparition d'oxygène égale à 65 mètres cubes, soit plus de 90 kilogrammes. Dans l'une des prairies des Vosges ce chiffre s'est élevé à plus de 7,000 kilogrammes.

5° D'ailleurs, c'est la facilité avec laquelle une eau abandonne les matières fertilisantes qu'elle renferme qui donne la mesure de ses qualités plutôt que sa composition absolue. Ainsi les eaux de la Sorgue, peut-être trop riches relativement en acide carbonique, sont beaucoup moins appréciées que les eaux de la Durance, même éclaircies, dont elles se rapprochent beaucoup par leur teneur en azote; mais elles ne cèdent aux prairies que 13 p. 100 de leur azote, tandis que les eaux de la Durance en abandonnent 30 p. 100.

6° La chaleur, qui sera plus tard l'objet d'une étude spéciale, ainsi que la lumière, exerce une influence considérable sur la fixation des principes fertilisants des eaux d'irrigation. Quand la température reste au-dessus de 7 degrés, l'assimilation de l'azote paraît nulle ou très-faible.

7° En résumé, l'eau d'irrigation, envisagée au point de vue physique, intervient à titre de régulateur de la température du sol et d'agent essentiel des phénomènes journaliers d'absorption et d'évaporation qui se passent dans les plantes, et au point de vue chimique comme un engrais qui, selon la nature des sóls et du climat, peut représenter, tantôt la totalité, tantôt une faible partie seulement des matières fertilisantes exigées par la culture. Le prix de revient comparatif de l'eau et des fumiers constitue, par conséquent, l'élément principal de la fixation des volumes de liquide à accorder aux prairies.

Le rôle de l'eau est donc fort complexe, et avant de modifier la pratique des irrigations d'une contrée, l'agriculteur, comme l'autorité chargée de la répartition des eaux, doit la soumettre à un examen scrupuleux, d'où résultera souvent la justification des habitudes locales les plus inexplicables en apparence.

Division du travail. — Ces indications suffisent pour faire comprendre le but de ces études ; on trouvera plus loins les développements que comporte ce sujet difficile.

Le travail que l'on va lire se partage en deux parties.

Dans la première partie, on expose l'organisation générale des expériences et les résultats des opérations de jaugeage.

La seconde partie est consacrée à l'examen des eaux employées et des récoltes obtenues.

Je n'ai pas la prétention, il est inutile de le dire, de traiter complétement dans ce Mémoire la question des irrigations, trop heureux si ces longues et pénibles recherches apportent quelques renseignements utiles à la solution de l'important problème de l'emploi des eaux en agriculture.

PREMIÈRE PARTIE

CHAPITRE PREMIER

ORGANISATION DES EXPÉRIENCES.

Recherches à entreprendre. — Dans le midi de la France, les irrigations collectives sont en grande majorité ; tous les arrosages importants sont l'œuvre plus ou moins ancienne d'associations syndicales dont l'action s'étend à de vastes districts. Partout ailleurs, ce sont, au contraire, les irrigations privées qui dominent, et les syndicats, quelquefois assez multipliés il est vrai, embrassent, chacun, une assez faible surface.

Cette diversité si frappante dans le régime des arrosages de nos différentes régions est, en grande partie, la conséquence naturelle des différences non moins grandes que l'on remarque dans la consommation croissante des eaux d'irrigation, quand on s'avance du midi vers le nord.

Pour approfondir l'étude de ces pratiques si variables d'une région à l'autre il fallait, avant tout, constater par des observations détaillées et par des chiffres précis les faits existants. Il fallait rechercher ensuite, comme on l'a déjà dit, si ces énormes différences de consommation d'eau d'irrigation d'un pays à l'autre sont justifiées par la nature des choses, ou bien si elles sont le résultat d'une aveugle routine, comme paraissent le supposer les personnes disposées à admettre que le régime des irrigations peut être soumis, dans toute la France, à une règle unique et invariable.

Nécessité de séries d'observations. — Les phénomènes agricoles sont toujours extrêmement complexes. Chaque effet produit est le résultat de causes nombreuses et variables. Pour étudier une culture déterminée, il faut donc bien se garder d'observations isolées, dont les résultats ne sauraient représenter l'ensemble du phénomène. Des observations nombreuses instituées par *séries* continues peuvent seules conduire à des résultats précis. Cette remarque s'applique d'une manière spéciale à l'étude de l'action de l'eau sur les prairies. Les modifications éprouvées par le liquide en passant sur le sol varient avec la température et une foule d'autres circonstances qui peuvent, dans certains cas, changer complétement le sens des réactions habituelles. Dans ces conditions, l'observation par séries régulières, et aussi complètes que possibles, peut seule donner le moyen d'établir, à la fin d'une campagne, la statique exacte de la culture considérée (1). Les expériences ainsi conduites exigent souvent plusieurs années d'un travail assidu, mais c'est à ce prix seulement qu'on écarte les causes d'erreurs inévitables dans les expériences isolées.

Pour arriver à des résultats ayant un caractère de précision suffisant pour servir d'élément à une discussion ultérieure, il fallait, par conséquent, ne point se contenter des évaluations moyennes et des chiffres donnés en bloc par les auteurs pour la consommation d'eau des cultures arrosées. Il convenait donc d'opérer dans des conditions très-diverses et de suivre, jour par jour, les procédés de praticiens reconnus également expérimentés ; il fallait mesurer le volume des eaux employées, constater la composition de ces eaux à leur entrée et à leur sortie des champs

---

(1) L'illustre auteur des lettres sur l'*Agriculture moderne* s'exprimo ainsi (page 102)... «Une analyse de l'eau qui avait servi à l'irrigation «des prairies montra facilement qu'elle enlevait autant d'ammoniaque «et de matières minérales qu'elle en apportait,» et de ce fait isolé, il déduit, à l'égard do l'action dos eaux sur les prairies, une conclusion que l'étudo d'une *série* d'analyses no lui eût pas permis d'admettre.

soumis aux expériences, et enfin se rendre compte de la composition et de la quantité des produits obtenus.

La constatation exacte des faits pratiques des cultures arrosées que je voulais étudier, m'imposait, avant tout, l'obligation de n'apporter aucune modification aux habitudes locales. Si j'avais loué les terrains pour les exploiter moi-même, j'aurais pu craindre une certaine négligence de la part des irrigateurs, désintéressés au succès de leurs travaux. J'ai préféré laisser agir les mêmes personnes, avec les mêmes ressources et dans le même cercle d'intérêts. Je me suis donc borné à garantir aux propriétaires des parcelles où je voulais opérer, et à leurs agents, une indemnité pour les dommages que pourrait causer l'installation de mes appareils et pour les soins que pourraient leur donner mes observations, mais je leur ai laissé diriger les arrosages et les cultures au mieux de leurs intérêts, puisqu'ils devaient profiter des récoltes. Ils se trouvaient ainsi naturellement intéressés à donner à leurs terres leurs soins accoutumés.

Emplacement des terrains soumis aux expériences. — Il n'est pas facile de réunir les conditions nécessaires à des expériences de cette espèce et les convenances de choses et de personnes indispensables, pour assurer le succès d'observations longtemps prolongées. On ne sera donc pas surpris des inconvénients que présentent quelques-uns des terrains sur lesquels j'ai opéré. Quoi qu'il en soit, après de nombreuses recherches et beaucoup d'essais préliminaires, entrepris en 1857 et 1858, j'ai arrêté mon choix pour les expériences définitives (1), qui ont eu lieu en 1859-1860,

(1) Je dois les facilités qui m'ont permis d'entreprendre ces recherches à l'amitié de MM. Conte et Kuss, ingénieurs des ponts et chaussées. Le premier était alors domicilié à Carpentras (Vaucluse), et le second à Épinal (Vosges). Leur changement de résidence m'a privé, dans la suite de mes études, d'un concours qui m'eût été on ne peut plus précieux.

sur les parcelles de terrains dont je vais indiquer la situation et la nature de culture.

1° Une prairie de 0$^{hect.}$,0642 d'étendue, située dans la commune de Taillades (Vaucluse, fig. 1 de la planche ci-jointe).

2° Un champ de luzerne de 0$^{hect.}$,0930 d'étendue, situé dans la même commune et à peu de distance de la parcelle précédente (fig. 2).

3° Un carré de jardin de 0$^{hect.}$,0154 d'étendue, cultivé en haricots (fig. 3).

Ces trois parcelles sont arrosées par les eaux de la Durance, amenées par le canal du Cabédan.

4° Une prairie de 0$^{hect.}$,0944 d'étendue, située à l'Isle (Vaucluse), arrosée par une roue à pots mise en mouvement par les eaux de l'une des branches de la Sorgue (rivière de la fontaine de Vaucluse, fig. 4) (1).

5° Une prairie de 0$^{hect.}$,7633 d'étendue, située près de Saint-Dié (Vosges), arrosée par les eaux de la Meurthe (fig. 5) (2).

6° Enfin une prairie de 1$^{hect.}$,0645 d'étendue située à Habeaurupt commune de Plainfaing (Vosges), dans la partie supérieure de la vallée de la Meurthe (3).

On indiquera dans les chapitres suivants les dispositions adoptées dans chaque parcelle, pour le jaugeage des eaux, et les autres observations que comportait leur étude.

---

(1) M. Gendarme de Bévotte, ingénieur en chef du département de Vaucluse, a bien voulu autoriser M. Cousin, conducteur des ponts et chaussées, à me seconder dans mes expériences. Je ne saurais assez témoigner ici du zèle et des soins intelligents et continus donnés à ce travail par M. Cousin. Je lui dois pour son actif concours les plus vifs remercîments.

(2) Cette prairie a été mise à ma disposition par son propriétaire, M. Valhey, avec une complaisance et un désintéressement dont je ne saurais assez le remercier ici.

(3) M. Périsse, conducteur des ponts et chaussées, a concouru à mes expériences des Vosges de la manière la plus dévouée; je me plais à lui adresser également tous mes remercîments.

CHAPITRE II.

Utilité et difficulté des jaugeages. — Avant d'indiquer les résultats des observations faites dans les six terrains où ont été exécutées mes expériences, il est utile de faire quelques observations sur les procédés de jaugeages applicables aux irrigations en général, et de décrire la méthode employée dans ces recherches.

Les renseignements donnés par les auteurs, qui se sont occupés d'irrigations, sur les volumes d'eau dépensés sont peu nombreux et souvent assez incertains. Le jaugeage des eaux courantes, et surtout celui des eaux d'irrigation, quand on veut étudier les derniers détails des opérations, présente en effet de sérieuses difficultés, exige beaucoup de temps et des précautions extrêmement minutieuses. C'est cependant le point de départ obligé de toute étude sérieuse sur la pratique et la théorie des irrigations.

En Belgique, M. Keelhoff, qui a parfaitement compris l'utilité de ce problème, a fait établir un appareil jaugeur spécialement applicable à l'étude des irrigations de la Campine. Les recherches de M. Keelhoff, qu'il serait fort désirable de voir continuer, ont un caractère d'exactitude remarquable. Malheureusement l'appareil de M. Keelhoff est en maçonnerie, d'un prix fort élevé et ne permet par conséquent que des études toutes locales.

Pour multiplier les expériences relatives aux quantités d'eau employées dans les irrigations, il convient donc de rechercher une méthode différente, qui permette de mesurer l'eau qui passe en un point quelconque d'une rigole, petite ou grande, et cela, condition essentielle, sans modifier le régime de cette rigole, car on modifierait le régime de l'irrigation elle-même. La construction de chutes et de barrages pour faire des jaugeages directs, ou des jaugeages par déversoir, est donc presque toujours impraticable dans l'intérieur des terrains arrosés, et souvent même très-difficile à l'entrée et à la sortie des eaux.

Les vannes d'arrosage, quand par hasard elles sont bien construites, donnent un moyen de jaugeage des volumes d'eau considérables, à l'entrée ; mais elles font ordinairement défaut à la sortie, et, dans tous les cas; elles ne permettent pas de suivre les détails de la répartition des eaux sur les diverses parcelles ou les différents billons et les nombreuses rigoles secondaires de la pièce.

La méthode des flotteurs s'applique bien sur les rigoles d'une certaine importance, quand le lit est rectiligne sur une assez grande longueur, que la section est parfaitement régulière sur cette longueur, et que la vitesse est comprise entre certaines limites. Mais ces conditions, on le conçoit, ne se réalisent que très-rarement dans la pratique ; les rigoles d'irrigation sont presque toujours sinueuses, à sections irrégulières, et plus ou moins envahies par les herbes. En tous cas, la méthode des flotteurs est absolument inapplicable aux petites rigoles de dernier ordre.

Reste enfin le moulinet de Woltmann. Mais on sait combien l'emploi de cet instrument est difficile ; il exige l'emploi d'un compteur à secondes, la présence de deux observateurs, des vérifications fréquentes de tarages, nécessitant des emplacements difficiles à trouver. Son volume seul serait un obstacle à son emploi dans les petites rigoles, dans lesquelles il produirait un véritable barrage.

Tube de M. Darcy. — J'avais souvent entretenu de toutes ces difficultés le regrettable M. Darcy, inspecteur général des ponts et chaussées, et ce n'est pas sans songer aux applications agricoles qu'il s'est occupé avec tant de soin et de succès de perfectionner et de rendre véritablement pratique le tube de Pitot, qui semblait contenir le germe d'un excellent appareil de jaugeage.

L'instrument de jaugeage construit par M. Darcy ne présente aucun des inconvénients des méthodes précédentes, et se prête en particulier de la manière la plus facile aux études d'irrigation. Comme cet instrument est encore peu connu, il convient de le décrire ici en quelques mots, et d'indiquer comment je l'emploie dans les études d'irrigation.

L'instrument de M. Darcy se compose essentiellement (*fig.* 7) de deux tubes de verre *aa'*, *bb'* d'un centimètre environ de diamètre, incrustés sur une planche. Ces tubes de verre se terminent par d'autres tubes en laiton *acd*, *bc'd'*, de moindre diamètre, recourbés à angle droit. Le tube *acd* porte à son extrémité *d* un très-petit trou percé suivant son axe. L'autre tube porte en *d'* un petit trou de même diamètre que le premier; mais percé perpendiculairement à la longueur de ce tube.

Un double robinet R, dont la clef peut se manœuvrer à distance avec une ficelle, permet d'interrompre simultanément la communication entre les tubes de verre et les tubes de laiton dont on vient de parler. A leur partie supérieure, les tubes de verre communiquent entre eux par une pièce métallique terminée par le robinet R'. Si l'on plonge dans une eau tranquille les extrémités *d*, *d'* des tubes de laiton, et que l'on aspire par le tube de caoutchouc fixé au robinet R', de manière à élever l'eau jusque vers le milieu des tubes de verre, le niveau du liquide dans les deux tubes est naturellement exactement horizontal. Mais si l'eau est animée d'une vitesse, dirigée vers l'ouverture *d*, on sait que la hauteur de l'eau dans le tube de verre *aa'* sera plus grande que dans le tube *bb'*. La différence de hauteur de ces deux colonnes liquides, que l'on mesure à l'aide d'échelles tracées sur la planche, permet d'évaluer la vitesse du liquide au point où plongent les extrémités *d*, *d'* des petits tubes de laiton. Si l'instrument était entièrement plongé dans l'eau, il suffirait de souffler par le tube attaché au robinet R' pour refouler l'air dans les tubes de verre, et on pourrait encore mesurer la différence des deux colonnes liquides.

Quand les deux ouvertures sont dirigées à angle droit et que l'instrument a les formes indiquées par M. Darcy, la vitesse de l'eau V au point où plongent les deux petits ajutages de l'instrument est donnée par l'expression suivante :

$$V = 0,84\sqrt{2gH}$$

dans laquelle H exprime la différence de niveau de l'eau dans les tubes de verre $aa'\ bb'$ (1).

Cet instrument, comme on voit, est fort simple et ne contient aucun mécanisme susceptible de dérangement. Il n'exige pas l'emploi de compteur, et la vérification de son tarage, pour déterminer la valeur du coefficient numérique, peut se faire avec facilité. Le petit volume des tubes permet de l'introduire dans le plus petit courant sans déranger le régime et sans former de remou.

Pour faire de bonnes observations, il suffit que l'instrument soit bien vertical, que les tubes de laiton soient parfaitement dans le fil de l'eau, que les ajutages ne soient ni bouchés, ni faussés, que les tubes de verre soient bien propres et bien dégraissés, précautions on ne peut plus faciles à observer.

On attend, avant de faire une lecture, que le niveau ne varie plus dans les tubes, et on répète plusieurs fois l'observation au même point du courant. Quand on opère bien, les différences de lecture entre deux observations consécutives n'excèdent pas 2 à 3 millimètres.

Pour avoir la vitesse moyenne de l'eau dans une section, on place l'instrument successivement en un nombre de points suffisants de cette section.

Pour les jaugeages de grands cours d'eau, l'instrument précédent est garni d'un gouvernail et monté sur une tige cylindrique en fer qu'on enfonce en différents points du

____

(1) L'instrument dont je me suis servi a été construit par M. Salleron, n° 24, rue Pavée, au Marais.

lit. Dans mes études d'irrigation, où je n'ai opéré que sur des rigoles de petite ou de moyenne grandeur, il était plus commode et beaucoup plus exact de supporter l'instrument avec une pince à vis A, sur deux règles horizontales fixées, par des écrous à oreilles, à deux jalons verticaux enfoncés à droite et à gauche du courant à jauger (fig. 8).

Pour faire l'expérience, on choisit un endroit où la section de la rigole est assez régulière pour être facile à mesurer, ou bien au besoin on la régularise avec quelques coups de bêche sur une petite longueur ; on enlève soigneusement les herbes et on procède à la mesure des vitesses.

Le mode de suspension du tube jaugeur sur des règles divisées, comme on vient de l'indiquer, permet de prendre facilement les vitesses dans des tranches verticales symétriquement disposées par rapport à l'axe du cours d'eau et, par conséquent, d'obtenir, aussi exactement que possible et en peu de temps, la vitesse moyenne. En multipliant la section de la rigole au point considéré par cette vitesse moyenne, on obtient le débit.

J'ai insisté sur les détails de l'emploi du tube jaugeur de Darcy, parce que cet instrument peut rendre beaucoup de services aux agriculteurs qui s'occupent d'irrigations, et qu'il permet de résoudre, avec exactitude et facilité, beaucoup de problèmes qu'il serait fort difficile d'aborder autrement. Ainsi, par exemple, dans la prairie de Saint-Dié, j'ai pu jauger la rigole du sommet d'un billon, en quatre points de sa longueur, puis les deux rigoles de colature et retrouver ainsi, à quelques litres près dans ces dernières rigoles, l'eau déversée sur les deux ailes de l'ados, en un mot, suivre pas à pas, pour ainsi dire, le mouvement du liquide sur les moindres parcelles de la pièce arrosée. De même, on peut déterminer les pertes d'une rigole par infiltration de mètre en mètre, et ainsi de suite.

Je ne pouvais pas faire faire les jaugeages journaliers avec le tube de Pitot Darcy. Bien que très-simple, l'installation et l'observation de l'instrument exigent un certain temps et d'assez grandes précautions. Je me suis donc borné à établir, à l'entrée et à la sortie de l'eau, pour chaque pièce de terre, suivant la disposition des lieux, des chenaux ou des déversoirs en planches. Des échelles divisées, au nombre de deux au moins pour chaque appareil, indiquaient la hauteur de l'eau. Les hauteurs lues étaient immédiatement inscrites sur le carnet de l'agent chargé de l'observation, en même temps que les autres notes qui lui étaient demandées. Ces carnets m'étaient expédiés régulièrement; voici comment les indications qu'ils contiennent ont été transformées en volumes d'eau employés.

J'ai fait avec tous les soins possibles, à l'aide du tube de Darcy, contrôlé de diverses manières, les jaugeages du volume d'eau débité par chacun de mes appareils à différentes hauteurs de leurs échelles respectives. Ces observations m'ont servi à calculer, pour chaque appareil, une formule d'interpolation donnant le débit de cet appareil pour toutes les hauteurs d'eau observées à ses échelles. A l'aide de cette formule, ou plutôt de tables qu'elle m'a servi à calculer, j'ai pu évaluer, jour par jour, arrosage par arrosage, les volumes d'eau entrés et sortis pour chaque parcelle.

On trouvera dans les chapitres suivants les détails relatifs à chaque opération, il suffisait ici d'indiquer la méthode employée dans cette longue série de recherches.

CHAPITRE III.

Description de la prairie. — La prairie sur laquelle j'ai opéré dans la commune de Taillades (Vaucluse), présente à peu près la forme d'un trapèze (fig. 1). Sa surface est de $0^{hect.},0642$; elle est arrosée par les eaux de la Durance amenées par le canal du Cabedan neuf, qui passe à peu de distance.

L'eau arrivait en **A** dans l'appareil jaugeur, composé d'un coffrage en planches rabotées et assemblées, ayant 2 mètres de longueur, $0^m,30$ de largeur et $0^m,35$ de profondeur, terminé par une planche verticale formant un déversoir de même largeur que le coffrage. Les échelles étaient formées de petites règles divisées en millimètres. La régularité de l'écoulement permettait de lire les hauteurs d'eau à 1 millimètre près sans difficulté. Les chiffres entre parenthèses indiquent la hauteur des différents points du terrain, au-dessous d'un plan passant par le plafond du canal d'amenée en aval du déversoir. Au sortir de ce déversoir l'eau se dirigeait dans les rigoles de déversement AB, AC, et se rendait sur la prairie, en suivant la pente du sol, pour aller rejoindre la rigole d'égouttement CD, au bout de laquelle se trouvait en **D** un appareil de jaugeage semblable à celui placé en **A**.

La rigole DC laissait perdre un peu d'eau, mais en trop petite quantité pour donner lieu à une erreur sensible.

Jaugeage. — La hauteur indiquée par l'échelle étant de $0^m,130$, j'ai jaugé le produit de l'appareil en prenant les vitesses à l'aide du tube de Darcy, en six points différents de la section de l'eau, à $0^m,70$ en amont du déversoir. Comme exemple de ce genre d'observations, je rapporterai les résultats obtenus dans cette première expérience. Les différences de niveau H de l'eau, dans les deux tubes de verre, ont été, savoir :

m.	m.	m.	m.	m.	m.
0,031	0,036	0,011	0,017	0,038	0,035
0,031	0,036	0,012	0,019	0,039	0,032

Les valeurs correspondantes de $\sqrt{2gH}$ sont respectivement :

m.	m.	m.	m.	m.	m.
0,780	0,840	0,475	0,594	0,869	0,810

La moyenne de ces valeurs étant égale à $\dfrac{4,368}{6} = 0,728$, la vitesse moyenne est $V = 0,84 \times 0,728 = 0,611$. La section de l'eau était, dans cette expérience, égale à $0^m,20 \times 0,30 = 0^{m.q.},06$. On a enfin, pour la valeur du débit par seconde :

$$D = 0^{m.q.},06 \times 0^m,611 = 36^{lit.},66.$$

Ces calculs sont extrêmement longs. Il serait inutile de les reproduire ici avec détails.

La même opération, exécutée pour diverses hauteurs d'eau, a montré que les résultats obtenus concordaient parfaitement avec les chiffres fournis par la formule ordinaire du déversoir, quand les hauteurs lues à l'échelle étaient peu considérables, mais que les débits réels étaient sensiblement supérieurs à ceux calculés par la formule du déversoir quand l'eau était un peu haute; résultat facile à prévoir et à expliquer, parce qu'alors l'eau arrive au déversoir avec une vitesse acquise dont la formule ordinaire ne tient pas compte, et qui augmente en réalité le débit d'une manière très-prononcée. Des jaugeages, dont on parlera plus loin, exécutés à l'Isle, en versant l'eau dans des vases tarés, m'ont d'ailleurs montré la grande exactitude des observations faites, dans les conditions dont il s'agit, avec le tube de Darcy.

L'eau, dans les expériences, n'ayant jamais atteint qu'une faible hauteur dans le déversoir de sortie, les jaugeages exécutés sur cet appareil se sont tous accordés, à moins de 1/2 litre près, avec les résultats de la formule ordinaire du déversoir, à l'aide de laquelle j'ai pu me borner à calculer les débits de cette partie de l'expérience.

Résultats obtenus. — Le tableau suivant contient les résultats obtenus comme je viens de l'expliquer, et les principaux renseignements inscrits sur les carnets tenus sur place.

Pour simplifier ce tableau, j'ai supprimé les colonnes renfermant les hauteurs lues aux échelles qui n'auraient aucun intérêt à la lecture.

La position du premier nombre de la colonne 6 indique, à quelques minutes près, l'heure du commencement de l'écoulement du colateur dans chaque arrosage, et par conséquent le temps nécessaire à la répartition de l'eau sur toute la parcelle.

Les chiffres des colonnes (9) et (10) sont le produit des chiffres des colonnes (7) et (8), par les temps inscrits dans les colonnes (5) et (6).

TABLEAU N° 1. — *Volumes d'eau employés en 1860 aux arrosages de la prairie de Taillades (Vaucluse).*

DATES des arrosages. (1)	HEURES du commencᵗ des arrosages (2)	TEMPÉRAT. de l'eau.		TEMPS correspondant à chaque débit.		DÉBITS par seconde.		VOLUMES par périodes.		OBSERVAT.
		Entrée. (3)	Sortie (4)	Entrée (5)	Sortie (6)	Entrée (7)	Sortie (8)	Entrée (9)	Sortie (10)	
	h. m.	°	°	h. '	h. '	lit.	lit.	m. c.	m. c.	
5 juin 1860..	8	19.0	19.0	0.10		7.449		4. 69		Température de l'air 27°.0.
				0.10		7.449		4.469		1ʳᵉ coupe sur la moitié de la prairie le 15 juin.
				0.10		21.063		12.638		
				0.10		22.836		13.702		
				0.10	0.10	24.672	8.366	14.803	5.020	
				0.10	0.10	30.418	10.371	18.251	6.223	
				0.10	0.10	30.418	17.177	18.251	10.306	Pluie les 21 et 22 juin.
				0.10	0.10	30.418	10.371	18.251	6.223	
				0.10	0.10	21.063	8.366	12.638	5.020	
					0.10		0.178		0.107	
Totaux par arrosage.				1.30	1.00			117.472	32.800	
26 juin 1860.	h. m. 6	20.0	20.0	0.10		17.652		10.591		
				0.10		26.534		15.920		
				0.10		26.917		16.150		
				0.10	0.10	28.437	2.241	17.062	1.345	
				0.10	0.10	28.437	5.643	17.062	3.386	
				0.10	0.10	30.418	5.643	18.251	3.386	
					0.10		4.040		2.424	
Totaux par arrosage.				1.00	0.40			95.036	10.541	
3 juillet 1860.	h. ' m. 8.30	18.0	20.5	0.10		36.666		22.000		
				0.10		36.666		22.000		
				0.10	0.05	32.416	1.427	19.450	0.428	
				0.10	0.05	11.464	11.427	6.878	3.428	
					0.05		9.353		2.806	
					0.05		6.514		1.954	
					0.05		4.822		1.447	
					0.05		2.623		0.787	
					0.05		1.427		0.428	
Totaux par arrosage.				0.40	0.35			70.928	11.278	
8 juillet 1860.	h. ' m. 7.10	20.0	20.0	0.10		36.560		21.936		
				0.10	0.10	34.471	5.987	20.683	3.592	
				0.10	0.10	44.880	9.353	20.928	5.612	
				0.10	0.10	32.416	2.623	19.450	1.574	
					0.15		1.427		1.284	
Totaux par arrosage.				0.40	0.45			82.997	12.062	

TABLEAU N° 1. (Suite.)

DATES des arrosages. (1)	HEURES du commenc des arrosages (2)	TEMPÉRAT. de l'eau.		TEMPS correspondant à chaque débit.		DÉBITS par seconde.		VOLUMES par périodes.		OBSERVAT.
		Entrée. (3)	Sortie. (4)	Entrée (5)	Sortie. (6)	Entrée. (7)	Sortie. (8)	Entrée. (9)	Sortie. (10)	
	h. m.	°	°	h. '	h. '	lit.	lit.	m.c.	m.c.	
14 juill. 1860.	10.10	19.0	20.0	0.10		36.560		21.936	— —	
				0.10	0.10	24.672	4.040	14.803	2.424	
				0.10	0.10	24.672	5.643	14.803	3.386	
				0.10	0.10	19.324	7.421	11.594	4.453	
				0.10	0.10	20.009	6.875	12.005	4.125	
					0.10		6.514		3.908	
					0.10		3.208		1.925	
Totaux par arrosage.				0.50	1.00			75.141	20.221	
21 juill. 1860.	9.20	15.7	17.0	0.10				20.174		2e coupe le 26 juillet.
				0.10				20.683		
				0.10	0.10	33.638		21.936	1.574	
				0.10	0.10	34.471		21.936	4.453	
				0.10	0.10	36.560	2.623	21.936	6.856	
					0.10	36.560	7.421		7.507	
					0.10	36.560	11.427		4.453	
					0.10		15.512		1.574	
							7.421			
							2.623			
Totaux par arrosage.				0.50	1.00			106.665	26.417	
28 juill. 1860.	9.00	15.0	16.0	0.10				19.450		
				0.10				18.964		
				0.10	0.10	32.416		18.251	1.733	
				0.10	0.10	31.606		17.062	5.612	
					0.10	30.418	2.889		4.453	
					0.10	28.437	9.353		1.284	
							7.421			
							1.427			
Totaux par arrosage.				0.40	0.40			73.727	13.082	
4 août 1860..	9.00	16.0	18.3	0.10		30.418		18.251		Petite pluie pend. la nuit.
				0.10	0.10	30.418	4.040	18.251	2.424	
				0.10	0.10	30.418	8.366	18.251	5.020	
					0.10		1.995		1.197	
Totaux par arrosage.				0.30	0.30			54.753	8.641	
9 août 1860..	9.00	15.0	16.0	0.10				15.920		
				0.10		26.534		15.464		
				0.10	0.10	25.774		15.239	1.284	
				0.10	0.10	25.398		15.015	1.284	
				0.10	0.10	25.025	1.427	14.803	4.453	
					0.10	24.672	1.427		6.228	
					0.05		7.421		1.054	
					0.05		10.371		0.306	
							6.514			
							1.021			
Totaux par arrosage.				0.50	0.50			76.441	15.504	

Tableau N° 1. *(Suite.)*

DATES des arrosages. (1)	HEURES du commenc des. arrosages (2)	TEMPÉRAT. de l'eau. Entrée (3)	Sortie (4)	TEMPS correspondant à chaque débit. Entrée (5)	Sortie (6)	DÉBITS par seconde. Entrée (7)	Sortie (8)	VOLUMES par périodes. Entrée (9)	Sortie (10)	OBSERVAT.
	h. s.	°	°	h. ′	h. ′	lit.	lit.	m. c.	m. c.	
17 août 1860 .	2.50	20.0	20.0′	0.10		31.606	3.203	18.964		
				0.10	0.10	31.215	7.796	18.729	1.925	
				0.10	0.10	30.418	11.427	18.251	4.678	
				0.10	0.10	31.215	6.163	18.729	6.856	
				0.10	0.10	31.606	0.927	18.964	3.698	
					0.10				0.556	
Totaux par arrosage.				0.50	0.50			93.637	17.713	
	h. m.									
25 août 1860 .	9.45	15.0	16.0	0.10		21.063		12.638		
				0.10	0.10	22.836	1.995	13.702	1.197	
				0.10	0.10	22.836	3.208	13.702	1.925	
				0.10	0.10	22.836	7.421	13.702	4.453	
				0.10	0.10	22.836	7.055	13.702	4.233	
					0.10	22.836	2.623		1.574	
Totaux par arrosage.				0.50	0.50			67.446	13.382	
	h. m.									
1er sept. 1860.	9.10	18.5	19.0	0.10		27.303		16.382		
				0.10		27.303		16.382		
				0.10	0.10	27.303	1.427	16.382	1.284	
				0.10	0.10	27.303	6.514	16.382	3.908	
				0.10	0.10	27.303	8.366	16.382	5.020	
					0.10		6.875		4.125	
					0.10		0.505		0.303	
Totaux par arrosage.				0.50	0.50			81.910	14.640	
	h. s.									
13 sept. 1860.	2.40	19.0	20.0	0.20		16.665		19.998		3e coupe le 27 septembre.
				0.20		13.533		16.240		Pluie le 14; on n'arrosera plus.
				0.20	0.10	16.665	1.219	19.998	0.731	
					0.10		2.365		1.419	
					0.10		4.982		2.980	
					0.10		4.040		2.424	
					0.10		0.235		0.141	
Totaux par arrosage.				1.00	0.50			56.236	7.704	
Totaux généraux pour l'année.				11.00	10.20			1051.789	204.084	
Eau absorbée..............									847.705	

Résumé. — Les chiffres du tableau détaillé qui précède, réunis par arrosages et ramenés à l'étendue normale d'un hectare, peuvent se résumer dans le tableau suivant :

TABLEAU N° 2. — *Volumes d'eau employés par arrosage et par hectare, pendant l'année 1860, déduits des observations faites sur la prairie de Taillades (Vaucluse).*

DATES des arrosages. (1)	DURÉE de		DÉBITS MOYENS par seconde.		VOLUMES par arrosage pour 0 hect. 0642.		VOLUMES par arrosage pour 1 hectare.		RAPPORTS de l'eau absorbée à l'eau entrée. (10)	OBSERVATIONS.
	l'arrosage. (2)	la colature. (3)	Entrée. (4)	Sortie. (5)	Entrée. (6)	Sortie. (7)	Entrée. (8)	Sortie. (9)		
	h. ′	h ′	lit.	lit.	m. c.	m. c.	m. c.	m. c.		
5 juin . . .	1.30	1.00	21. 7	9. 1	117.472	32.899	1829.782	512.445	0.72	
26 juin	1.00	0.40	26. 4	4. 3	95.036	10.541	1480.311	164.190	0.89	
3 juillet. . .	0.40	0.35	29. 3	5. 4	70.328	11.278	1095.452	175.670	0.84	
8 juillet. . .	0.40	0.45	34. 6	4. 4	82.997	12.062	1292.788	187.882	0.85	
14 juillet. . .	0.50	1.00	25. 5	5. 6	75.141	20.221	1170.420	314.969	0.73	
21 juillet. . .	0.50	1.00	35. 5	7. 3	103.665	26.417	1661.449	411.480	0.75	
28 juillet. . .	0.40	0.40	20. 7	5. 4	73.727	13.082	1148.396	203.769	0.82	
4 août. . . .	0.30	0.30	30. 4	4. 2	54.753	8.641	852.850	134.595	0.84	
9 août. . . .	0.50	0.50	25. 4	5. 2	76.441	15.504	1190.670	241.495	0.80	
17 août. . . .	0.50	0.50	31. 2	5. 9	93.637	17.713	1458.520	275.903	0.82	
25 août. . . .	0.50	0.50	22. 4	4. 4	67.446	13.382	1050.561	208.442	0.80	
1er septembre	0.50	0.50	27. 3	4. 9	81.910	14.640	1275.857	228.037	0.82	
13 septembre	1.00	0.50	15. 6	2. 6	56.236	7.704	875.950	120.000	0.86	
Totaux . . .	11.00	10.20	»	»	1051.789	204.084	16383.006	3178.877	»	
Moyennes . .	50′ 46″	47′ 41″	26.56	5.48	80.905	15.699	1260.231	244.529	0.81	

La prairie soumise à l'expérience a donc reçu pendant l'année 1860, 13 arrosages de 50 minutes environ de durée chacun. L'épaisseur moyenne de la couche d'eau déversée sur la prairie à chaque arrosage, a été de $0^m,126$. Le volume total d'eau employé par hectare a été de $16,383^{m.\ cub.}006$, y compris les colatures formant seulement 19 p. 100 de ce volume.

L'intervalle compris entre le premier et le dernier arrosage étant de 100 jours seulement, le débit continu par seconde et par hectare arrosé, répondant au volume ci-dessus, serait égale à $\dfrac{16383006^{lit}}{100 \times 86400} = 1^{lit},89$, y compris les colatures qui débiteraient $\dfrac{3178877^{lit}}{100 \times 86400} = 0^{lit},36.$

Le débit correspondant au volume réellement dépensé serait donc de $1^{lit}.53$ par seconde.

On verra d'ailleurs, dans la seconde partie, que l'on commettrait une grande erreur en attribuant à ces eaux de colature la même valeur qu'à l'eau n'ayant pas encore servi.

Il convient de faire remarquer, avant d'aller plus loin, que l'année 1860 a été fort humide. Les pluies ont retardé le commencement des irrigations, avancé leur terminaison, supprimé un ou deux arrosages entre le 5 et le 26 juin, et enfin diminué un peu le volume d'eau pour une ou deux opérations.

En général, dans les années ordinaires, les prairies, dans la commune de Taillades, s'arrosent une fois par semaine du 1er avril au 30 septembre. Au lieu de 13 arrosages donnés en 1860, on en donne donc environ 25 habituellement. Le volume d'eau nécessaire, année commune, par hectare de prairie, serait à peu près égal à celui trouvé ci-dessus multiplié par $\dfrac{25}{13}$, c'est-à-dire à $16,383,006 \times \dfrac{25}{13} = 31,505,780^{lit}$.

CHAPITRE IV.

JAUGEAGE DES EAUX D'IRRIGATION DE LA LUZERNE DE TAILLADES.

Description de la prairie. — Le terrain qui fait l'objet de cette seconde étude est peu éloigné du précédent, situé, comme lui, dans la commune de Taillades (Vaucluse). Il est cultivé en luzerne et arrosé par les eaux du canal de Cabedan ; sa surface est de $0^{hect.},0930$. Il présente la forme assez irrégulière indiquée par la *fig.* 2. L'eau arrive en A, où se trouve l'appareil de jaugeage, se déverse le long de la rigole AB, et se répand sur la pièce pour aller rejoindre la rigole de colature CD et traverser le second appareil de jaugeage placé en E. La rigole CD est légèrement en contre-haut de la parcelle voisine et laissait perdre un peu d'eau quand la terre était très-sèche. La plus grande partie de cette eau était recueillie dans une seconde rigole ouverte dans la pièce voisine et conduite à la jauge E. Cependant, il y avait quelques pertes qui n'ont pu être évitées, mais ces pertes ont été, en somme, peu considérables sur l'ensemble des arrosages.

La pente du terrain est d'ailleurs indiquée par les cotes inscrites sur le dessin.

Jaugeage, résultats. — Les appareils de jaugeage étaient disposés comme dans l'expérience précédente. Leur tarage donne lieu aux mêmes observations ; il serait inutile de les reproduire ainsi que les détails de calculs de mesurage qui sont fort longs et sans aucun intérêt pour le lecteur.

Le tableau suivant a donc été dressé exactement comme le tableau n° 1 du chapitre précédent. Nous renvoyons aux explications données au sujet de ce premier tableau pour l'intelligence de celui-ci.

EXPÉRIENCES SUR LES EAUX D'IRRIGATION.

TABLEAU N° 3. — *Volumes d'eau employés en 1860 aux arrosages de la luzerne de Taillades (Vaucluse).*

DATES des arrosages.	HEURES du commenc' des arrosages	TEMPÉRAT. de l'eau.		TEMPS correspondant à chaque débit.		DÉBITS par seconde.		VOLUMES par périodes		OBSERVAT.
		Entrée.	Sortie.	Entrée	Sortie·	Entrée.	Sortie.	Entrée.	Sortie.	
(1)	(2)	(8)	(4)	(5)	(6)	(7)	(8)	(9)	(10)	
	h. m.		°	h. '	h. '	lit.	lit.	m. c.	m. c.	(a) Il n'a pas été recueilli d'eau à la sortie elle se perdait dans la rigole DC. La 1re coupe a eu lieu le 20 mai; la 2e le 29 juin; pluie les 21 et 22 juin.
5 juin 1860..	matin.	17.0	(a)	1.00	(a)	22.701	(a)	81.724	(a)	
				1.00		22.701		81.724		
				1.00		22.701		81.724		
				1.00		23.370		84.132		
				1.00		23.707		85.345		
Totaux par arrosage.				5.00				414.649		
1er juill. 1860.	11.20	18.0	(a)	1.00	(a)	23.707	(a)	85.345	(a)	
				1.00		23.707		85.345		
				0.39		23.707		55.475		
Totaux par arrosage.				2.39				226.165		
5 juillet 1860.	8.00	19.0	23.0	1.00		17.327		62.377		Température à l'ombre 21°.5
				1.00		17.934		64.562		
				1.00		19.487		70.153		Le colateur a commencé à couler 2h.50 après le commencem. de l'arrosage.
				1.00	0.15	17.327	0.524	62.377	0.472	
				1.00	0.15	17.327	2.296	62.377	2.066	
				1.00	0.15	16.426	2.296	59.134	2.066	
					0.15		2.296		2.066	
					0.15		2.917		2.625	
					0.15		3.310		2.979	
					0.15		3.583		3.225	
					0.15		3.583		3.225	
					0.15		3.583		3.225	
					0.15		3.583		3.225	
					0.15		3.862		3.476	
					0.15		3.862		3.476	
					0.15		3.862		3.476	
					0.15		1.219		1.007	
Totaux par arrosage.				6.00	3.30			380.980	36.699	
14 juill. 1860.	11.20	19.5	23.0	1.00		26.097		93.949		Le colateur a commencé à couler 1h.15 après le commencem. de l'arrosage.
				1.00		26.097		93.049		
				1.00	0.20	26.097	0.611	93.049	0.733	
				1.00	0.20	26.097	1.122	93.049	1.346	
					0.20		2.296		2.755	
					0.20		2.671		3.205	
					0.20		2.917		3.500	
					0.20		4.292		5.150	
					0.20		5.355		6.420	
					0.20		0.770		0.924	
				4.00	2.40			375.796	24.039	

TABLEAU Nº 3. (*Suite*).

DATES des arrosages. (1)	HEURES du commenc^t des arrosages (2)	TEMPÉRAT. de l'eau. Entrée (3)	Sortie. (4)	TEMPS correspondant à chaque débit. Entrée (5)	Sortie. (6)	DÉBITS par seconde. Entrée. (7)	Sortie. (8)	VOLUMES par périodes. Entrée. (9)	Sortie. (10)	OBSERVAT.
	h. m.	°	°	h. '	h. '	lit.	lit.	m. c.	m. c.	
21 juill. 1860.	11.00	17.5	20.5	1.00		29.627		106.657		
				1.00		29.627		106.657		
				1.00	0.20	29.627	2.296	106.657	2.755	
					0.20		4.292		5.150	
					0.20		5.834		7.001	
					0.20		7.533		9.040	
					0.20		5.042		6.050	
					0.20		2.296		2.755	
Totaux par arrosage.				3.00	2.00			319.971	32.751	
28 juill. 1860.	10.05	16.0	17.7	1.00		28.202		101.527		La 3ᵉ coupe a eu lieu le 3 août.
				1.00	0.20	28.202	3.583	101.527	4.300	
				0.50	0.20	28.202	5.042	84.606	6.050	
					0.20		3.583		4.300	
Totaux par arrosage.				2.50	1.00			287.660	14.650	
9 août 1860..	9.00	15.0	19.0	1.00		29.627		106.657		Petite pluie pendant la nuit du 4 août.
				1.00	0.20	29.627	0.770	106.657	0.924	
				1.00	0.20	29.627	0.537	106.657	0.644	
					0.20		2.296		2.755	
					0.20		3.583		4.300	
					0.20		3.583		4.300	
					0.20		3.583		4.300	
Totaux par arrosage.				3.00	2.00			319.971	17.223	
17 août 1860.	1.35	20.0	20.0	1.00		29.627		106.657		
				1.00	0.20	29.627	2.296	106.657	2.755	
				1.15	0.20	29.627	3.583	133.322	4.300	
					0.20		4.738		5.686	
					0.20		5.197		6.236	
					0.20		4.292		5.150	
					0.20		1.219		1.463	
Totaux par arrosage.				3.15	2.00			346.636	25.590	
25 août 1860.	9.35	15.5	17.5	1.00		29.627		106.657		
				1.00	0.20	29.627		106.657	0.476	
				1.00	0.20	29.627	0.397	106.657	1.463	
					0.20		1.219		2.755	
					0.20		2.296		3.656	
					0.20		3.047		6.050	
					0.20		5.042		2.755	
							2.296			
Totaux par arrosage.				3.00	2.00			319.971	17.155	

TABLEAU Nº 3. — (*Suite*).

DATES des arrosages. (1)	HEURES du commenc' des arrosages (2)	TEMPÉRAT. de l'eau.		TEMPS correspondant à chaque débit.		DÉBITS par seconde.		VOLUMES par périodes.		OBSERVAT.
		Entrée (3)	Sortie (4)	Entrée (5)	Sortie (6)	Entrée (7)	Sortie (8)	Entrée (9)	Sortie (10)	
	h. m.	°	°	h. '	h. '	lit.	lit.	m. c.	m. c.	
1ᵉʳ sept. 1860.	9.00	18.5	19.0	1.00		31.447		113.209		Pluie de 10 h. 1/2 à 11 h. 1/2; temps lourd. La 4ᵉ coupe a eu lieu le 8 septembre.
				1.20	0.20	31.447	0.770	150.946	0.924	
					0.20		1.729		2.075	
					0.20		2.789		3.347	
					0.20		4.292		5.150	
					0.20		0.537		0.644	
Totaux par arrosage.				2.20	1.40			264.155	12.140	
13 sept. 1860	2.20	19.0	20.0	1.00				91.418		
				1.00	0.20	25.394	1.030	91.418	1.236	La 5ᵉ coupe a eu lieu le 21 oct.
				1.00	0.20	25.394	1.729	91.418	2.075	
					0.20	25.394	1.720		2.075	
					0.20		0.397		0.476	
Totaux par arrosage.				3.00	1.20			274.254	5.862	
Totaux généraux pour l'année.				38.04	18.10			3530.208	186.109	
Eau absorbée								3344.099		

Résumé. — Les chiffres détaillés qui précèdent, réunis par arrosage et ramenés à l'étendue normale d'un hectare, peuvent se résumer dans le tableau ci-après.

TABLEAU N° 4. — *Volumes d'eau employés par arrosage et par hect. pendant l'année 1860, déduits des observations faites sur la luzerne de Taillades (Vaucluse).*

DATES des arrosages. (1)	DURÉE de		DÉBITS MOYENS par seconde.		VOLUMES par arrosage pour 0 hect. 0930.		VOLUMES par arrosage pour 1 hectare.		RAPPORTS de l'eau absorbée à l'eau entrée.	OBSERVATIONS.
	l'arrosage. (2)	la colature. (3)	Entrée. (4)	Sortie. (5)	Entrée. (6)	Sortie. (7)	Entrée. (8)	Sortie. (9)	(10)	
	h. ′	h. ′	lit.	lit.	m. c.	m. c.	m. c.	m. c.		
5 juin 1860..	5.00	»	23.036	»	414.649	»	4458.591	»	1.000	
1er juillet...	2.39	»	23.707	»	226.165	»	2431.882	»	1.000	
5 juillet	6.00	3.30	17.638	2.913	380.980	36.699	4096.559	394.613	0.904	
14 juillet....	4.00	2.40	23.097	2.504	375.796	24.039	4040.817	258.484	0.936	
21 juillet....	3.00	2.00	29.627	4.549	319.971	32.751	3440.548	352.161	0.898	
28 juillet....	2.50	1.00	28.202	4.070	287.660	14.650	3093.118	157.527	0.949	
9 août......	3.00	2.00	29.627	2.392	319.971	17.223	3440.548	185.194	0.946	
17 août......	3.15	2.00	29.627	8.554	346.636	25.590	3727.269	275.161	0.926	
25 août	3.00	2.00	29.627	2.383	319.971	17.155	3440.548	184.462	0.946	
1er septembre	2.20	1.40	31.447	2.023	264.155	12.140	2840.376	130.538	0.954	
13 septembre	3.00	1.20	25.394	1.221	274.254	5.862	2948.968	63.032	0.979	
Totaux....	38 h. 4′	18.10	»	»	3530.208	186.103	37959.224	2001.172	»	
Moyennes ..	3 h. 28′	1 h. 39′	25.760	2.846	320.928	16.919	3450.838	181.924	0.947	

Le champ de luzerne soumis à l'expérience a donc reçu, en 1860, onze arrosages. La durée moyenne de chaque arrosage a été de $3^h,28'$ environ, et celle de la colature $1^h,39'$. L'épaisseur moyenne de la couche d'eau versée sur la terre par chaque arrosage a été de $0^m,345$. Le volume total par hectare a été pour l'année de $37959^{m.cub.},224$, y compris les colatures.

L'intervalle compris entre le commencement et la fin de l'arrosage étant comme précédemment de 100 jours, on voit que le débit continu moyen pendant cette période serait de

$$\frac{37959^{m\ c.},224}{100 \times 86400} = 4^{lit.},393.$$ Le volume des colatures répond dans la même période à un débit continu de $0^{lit.},231$, ce qui réduit la dépense effective continue à $4^{lit.},162$ et même à un chiffre un peu plus faible si l'on tenait compte des colatures des deux premiers arrosages qui n'ont pas été re-cueillies

Les observations faites à la fin du chapitre précédent, au sujet de la saison pluvieuse de 1860 et de son influence sur le volume d'eau employé aux arrosages, se reproduisent ici. La dépense, d'après les chiffres que nous avons constatés, s'élèverait, pour une année ordinaire, au chiffre de 73,000 mètres cubes environ par hectare.

CHAPITRE V.

JAUGEAGE DES EAUX D'IRRIGATION DE LA CULTURE DE HARICOTS

DE TAILLADES (VAUCLUSE).

Description du terrain. — Cette troisième étude n'a pas un intérêt aussi général que les précédentes et les suivantes. Cependant, ayant pu trouver un carré de jardin très-voisin des parcelles dont on vient de parler et dans de très-bonnes conditions pour la facilité des expériences, je n'ai point voulu négliger cette source d'observations.

La parcelle de jardin dont il s'agit, a seulement $0^{hect.},0154$ de superficie. Elle était entourée (fig. 3) d'un petit bourrelet de terre qui ne laissait pas échapper d'eau. Le liquide arrivait au point A par un appareil de jaugeage, semblable aux précédents, et se répandait sur la parcelle en coulant par les rigoles AB, AC.

Résultats. — Les détails des calculs sont les mêmes que pour les appareils précédents. Le tableau suivant a donc été dressé comme les tableaux 1 et 3, mais il est plus simple puisqu'on n'a pas à tenir compte des eaux de sortie.

TABLEAU N° 5. — *Volumes d'eau employés en 1860 aux arrosages des haricots de Taillades (Vaucluse).*

DATES des arrosages. (1)	HEURES du commenc des arrosages. (2)	TEMPÉRAT. de l'eau. (3)	TEMPS correspondant à chaque débit. (4)	DÉBIT pàr seconde (5)	VOLUMES par période. (6)	OBSERVATIONS.
	h. m. soir.	degr.	min.	lit.	m. cub.	Il a plu en mai.
29 mai 1860..	´4.0	15.0	5	7.226	2.168	
			5	8.146	2.444	
			5	8.530	2.559	
			5	8.530	2.559	
			5	8.530	2.559	
Totaux par arrosage........			25		12.289	
27 juin 1860 .	3.20	23.0	10	15.551	9.331	Pluie les 21 et 22 juin.
			10	16.725	10.035	
			10	17.924	10.754	
			10	16.725	10.035	
Totaux par arrosage........			40		40.155	
5 juillet....	2.20	20.0	10	4.381	2.629	
			10	4.851	2.911	
			10	4.851	2.911	
Totaux par arrosage........			30		8.451	
14 juillet...	2.10	21.0	10	5.494	3.296	
			10	5.494	3.296	
Totaux par arrosage........			20		6.592	
21 juillet...	2.25	18.5	10	3.934	2.360	
			10	3.640	2.184	
			10	3.640	2.184	
Totaux par arrosage........			30		6.728	
28 juillet...	1.15	17.0	10	3.934	2.360	
			10	3.934	2.360	
Totaux par arrosage........			20		4.720	
Totaux généraux pour l'année.			2.45		78.935	

Résumé. — Les chiffres qui précèdent peuvent se résumer dans le petit tableau suivant, qui ne diffère des tableaux 2 et 4 que par la suppression des colonnes de colatures.

TABLEAU N° 6. — *Volumes d'eau employés par arrosage et par hectare, pendant l'année 1860, déduits des observations faites sur les haricots de Taillades (Vaucluse).*

DATES des arrosages. (1)	DURÉE de l'arrosage. (2)	DÉBITS moyens par seconde (3)	VOLUMES par arrosage pour 0ʰ,0154. (4)	VOLUMES par arrosage pour 1 hect. (5)	OBSERVATIONS.
	h. '		m. c.		
29 mai 1860........	0.25	8.193	12.289	707.987	
27 juin	0.40	16.731	40.155	2607.468	
5 juillet	0.30	4.695	8.451	548.766	
14 juillet	0.20	5.493	6.592	428.052	
21 juillet	0.30	3.738	6.728	436.883	
28 juillet	0.20	3.933	4.720	306.493	
Totaux........	2.45		78.935	5125.649	
Moyennes.......	27'.30"	7.973	13.156	854.275	

Le champ de haricots qui nous occupe n'a donc reçu que six arrosages en soixante jours. La durée moyenne de chaque arrosage a été seulement de 27', 30". L'épaisseur moyenne de la couche d'eau versée sur la terre, par chaque arrosage, a été de $0^m,085$. Le volume total par hectare a été de $5125^{mc},649$, répondant, pour les soixante jours de la période d'arrosage, à un débit continu, pendant cette période, de $\dfrac{5125.649}{60 \times 86400} = 0^{lit},988$, c'est-à-dire de 1 litre environ par seconde. Ce débit est inférieur à celui qui est ordinairement indiqué pour les légumes. Cela tient, d'une part, à l'humidité de l'année 1860, et, d'autre part, à ce que les haricots paraissent être les légumes qui réclament le moins d'eau.

CHAPITRE VI.

Description de la prairie. — Le terrain, qui fait l'objet de cette quatrième étude, est situé auprès de l'Isle (Vaucluse). Il est arrosé par les eaux de la Sorgue (fontaine de Vaucluse), élevées par une des roues à godets si nombreuses dans cette localité. La parcelle a $0^{hect.},0944$. Elle présente la forme d'un quadrilatère irrégulier (fig. 4) à surface peu inclinée, comme l'indiquent les cotes. L'eau arrive en A, se répand sur le pré, et le liquide en excès, ramené par une rigole de ceinture, s'écoule en E.

Jaugeages. — Les appareils de jaugeages ont été disposés comme dans les expériences précédentes, mais la disposition des lieux et les ressources naturellement offertes par le voisinage d'une petite ville, ont permis de faire le tarage des appareils de mesurage en recevant l'eau directement dans des vases de capacité connue. On a pu obtenir ainsi une grande précision et contrôler les résultats fournis par le tube de Pitot perfectionné par Darcy.

Résultats. — Le tableau suivant a été dressé avec les données ainsi obtenues, comme on l'a expliqué pour les tableaux nᵒˢ 1, 3 et 5, auxquels on ne peut que renvoyer pour les explications nécessaires à l'intelligence des calculs.

TABLEAU N° 7. — *Volumes d'eau employés en 1860 aux arrosages de la prairie de l'Isle (Vaucluse).*

DATES des arrosages (1)	HEURES du commenc.t des arrosages (2)	TEMPÉRAT. de l'eau.		TEMPS correspondant à chaque débit.		DÉBITS par seconde.		VOLUMES par périodes.		OBSERVAT.
		Entrée (3)	Sortie. (4)	Entrée (5)	Sortie. (6)	Entrée. (7)	Sortie. (8)	Entrée. (9)	Sortie. (10)	(11)
	h.'s.	°	°	h.'	h.'	lit.	lit.	m. c.	m. c.	
2 juillet 1860.	1.25	17.0	»	0.10		3.740	»	2.244	»	Il n'y a point eu de colature.
				0.10		4.672		2.803		
				0.10		5.322		3.193		
				0.10		6.003		3.602		
				0.10		6.179		3.707		
				0.10		3.036		1.822		
				0.10		4.672		2.803		
				0.10		6.179		3.707		
				1.00		8.007		28.825		
				1.00		8.007		28.825		
				1.00		8.007		28.825		
				1.00		9.377		33.757		
				0.40		8.007		28.825		
Totaux par arrosage.				6.00				172.938		
6 juillet 1860.	h.'mat. 6.00	16.0	»	1.00		3.036		10.930		Il n'y a point eu de colature.
				1.00		3.175		11.430		
				1.00		3.175		11.430		
				1.00		3.175		11.430		
				1.00		3.175		11.430		
				1.00		3.175		11.430		
Totaux par arrosage..				6.00				68.080		
16 juill. 1860.	h.'mat. 10.00	17.0	19.5	1.00		4.835		17.406		
				1.00		5.157		18.505		
				1.00		4.995		17.982		
				1.00		4.995		17.982		
				1.00	1.00	4.995	1.848	17.982	6.653	
				1.00	1.00	4.995	1.632	17.982	5.875	
					1.00		0.858		3.089	
Totaux par arrosage..				6.00	3.00			107.899	15.617	
8 août 1860..	h.'s. 1.10	14.7	16.7	1.00		4.835		17.406		
				1.00		4.835		17.406		
				1.00		4.835		17.406		
				1.00		4.835		17.406		
				1.00	1.00	4.835	0.468	17.406	1.685	
				1.00	1.00	4.835	2.430	17.406	8.748	
					1.00		1.322		4.759	
Totaux par arrosage..				6.00	3.00			104.436	15.192	

TABLEAU N° 7. — (*Suite*).

DATES des arrosages. (1)	HEURES du commenc.t des arrosages (2)	TEMPÉRAT. de l'eau. Entrée (3)	Sortie. (4)	TEMPS correspondant à chaque débit. Entrée (5)	Sortie. (6)	DÉBITS par seconde. Entrée. (7)	Sortie. (8)	VOLUMES par périodes. Entrée. (9)	Sortie. (10)	OBSERVAT. (11)
	h. mat.	°	°	h.	h.	lit.	lit.	m. c.	m. c.	
22 août . . .	8 00	14.00		1.00		2.247	»	8.089		Il n'y a point eu de colature.
				1.00		2.247		8.089		
				1.00		2.247		8.089		
				1.00		2.247		8.089		
				1.00		2.247		8.089		
				1.00		2.247		8.089		
				1.00		2.247		8.089		
Totaux par arrosage.				7.00				56.623		
Totaux pour l'année.				31.00	6.00			509.976	30.809	

Résumé. — Les chiffres détaillés qui précèdent, réunis par arrosage et ramenés à l'étendue d'un hectare, peuvent se résumer dàns le tableau suivant.

TABLEAU N° 8. — *Volumes d'eau employés par arrosage et par hectare pendant l'année 1860, déduits des observations faites sur la prairie de l'Isle (Vaucluse.)*

DATES des arrosages. (1)	DURÉE de l'arro-sage. (2)	la co-lature. (3)	DÉBITS MOYENS par seconde. Entrée. (4)	Sortie. (5)	VOLUMES par arrosage pour 0 hect. 0044. Entrée. (6)	Sortie. (7)	VOLUMES par arrosage pour 1 hectare. Entrée. (8)	Sortie. (9)	RAPPORTS de l'eau absorbée à l'eau entrée. (10)	OBSERVATIONS.
	h.	h.	lit.	lit.	m. c.	m. c.	m. c.	m. c.		
2 juillet. . .	6.0	»	8.006	»	172.938	»	1831.970	»	1.000	
6 juillet. . .	6.0	»	3.152	»	68.080	»	721.186	»	1.000	
16 juillet. . .	6.0	3.0	4.995	1.446	107.899	15.617	1142.999	165.434	0.855	
8 août. . . .	6.0	3.0	4.835	1.406	104.436	15.192	1106.314	160.932	0.854	
22 août. . . .	7.0	»	2.247	»	56.623	»	509.820	»	1.000	
Totaux . .	31.0	6.0	»	»	509.976	30.809	5402.289	326.366	»	
Moyennes.	6.12	3.0	4.570	1.426	101.995	6.161	1080.458	65.273	0.940	

La prairie soumise à l'expérience n'a donc reçu que cinq arrosages en 1860. L'épaisseur moyenne de la couche d'eau donnée à chaque arrosage a été de $0^m,108$. La durée moyenne des arrosages a été de $6^h,12'$ et celle des colatures de 3 heures.

Le volume total par hectare a été de $5,402^{m.\ cub.},289$ formant une couche d'eau de $0^m,540$ d'épaisseur ; répondant, pour la période écoulée du 2 juillet au 22 août, à un débit permanent par seconde de

$$\frac{5402^{m.\ cub.},289}{51\times86400} = 1^{lit},226 \text{ y}$$

compris les colatures, dont le volume est de $326^{m.\ cub.},366$, répondant à un débit continu de

$$\frac{326,366}{51\times86400} = 0^{lit},074 \text{ seu-}$$

lement.

Les observations faites précédemment se reproduisent ici. Le nombre des arrosages, qui est de 20 à 25 les années sèches, a été réduit à cinq par suite de l'humidité de l'année 1860. Le volume employé année moyenne serait donc de 21600 mètres cubes au moins, au lieu de $5402^{m.\ cub.},289$ seulement dépensés pendant la durée de mes expériences.

CHAPITRE VII.

JAUGEAGE DES EAUX D'IRRIGATION DE LA PRAIRIE DE SAINT-DIÉ
(VOSGES).

Régime des irrigations des Vosges. — Les deux irrigations qui nous restent à étudier sont situées dans les Vosges. Elles diffèrent essentiellement des irrigations du Midi qui ont fait l'objet des chapitres précédents.

Dans le département de Vaucluse, on emploie peu d'eau ; l'arrosage ne dure que le temps nécessaire pour imbiber le sol. Les colatures toujours très-faibles sont même souvent supprimées d'une manière complète.

Dans les Vosges tout se passe autrement. Les arrosages durent des semaines ; l'eau coule en abondance sur les prés ; bientôt le sol est saturé et les colatures sont presque aussi abondantes que les prises d'eau elles-mêmes. Les mauvais temps de l'année 1860 ont fait supprimer quelques arrosages d'été et d'automne, mais les froids de l'hiver n'arrêtent pour ainsi dire pas la submersion des prairies ; à plusieurs reprises les neiges ont rempli nos rigoles.

Est-il possible que la routine seule conduise à de pareilles pratiques ? Peut-on croire que, depuis des siècles, les cultivateurs s'imposent le rude labeur de ces arrosages, sans une utilité réelle ? Peut-on supposer que le paysan défendrait ses eaux avec tant d'énergie et d'opiniâtreté contre les usiniers, s'il pouvait avec quelques arrosages obtenir les récoltes de foin qui font aujourd'hui sa richesse ? Pour mon compte, je l'avoue, je rends trop justice à l'esprit d'observation de nos agriculteurs pour le supposer un instant, et si j'ai entrepris cette longue série d'expériences, c'était bien moins pour fixer mon opinion que pour apporter quelques faits probants à la défense d'une pratique aussi ancienne et aussi générale que les arrosages à grandes eaux des contrées septentrionales.

On verra dans la seconde partie de ce mémoire que ces prévisions sont justifiées par une étude scientifique des faits. Quant à présent, je me borne à constater les usages d'irrigateurs expérimentés, placés dans les Vosges dans deux conditions assez différentes, bien que dans des localités peu éloignées.

Description de la prairie. — La prairie dont je m'occuperai d'abord est située en amont et à la sortie même de la ville de Saint-Dié (Vosges). Elle prend ses eaux dans la Meurthe par une vanne ouverte dans le bief d'amont des Grands moulins. En basses eaux, les usines prennent toute ou presque toute l'eau, de sorte qu'on peut considérer les volumes employés en eaux basses et moyennes comme à peine suffisants. Les propriétaires et les irrigateurs constatent souvent l'insuffisance d'eau et lui attribuent le chiffre relativement peu élevé de la production du fourrage. Cette prairie, à ce point de vue, était donc fort bien choisie pour nos essais, puisqu'elle s'entretient avec un volume d'eau que l'on s'accorde à regarder dans le pays comme une limite inférieure du nécessaire. On verra à quels chiffres énormes s'élève cette limite.

L'étendue de la prairie sur laquelle ont porté mes observations est de 0^{hect},7633. La surface est partagée en ados à peu près réguliers. Les cotes et les détails donnés par la *fig.* 5, fournissent tous les renseignements nécessaires sur les pentes et les formes du terrain.

L'eau entre par la vanne A, gagne la rigole B C', et B C qui la distribue aux rigoles des sommets des billons I, II,.... XIII. Les colateurs 1, 2,.... 7, et les quelques rigoles d'arrosage, qui servent de colateurs à celles d'un niveau supérieur, débouchaient dans un grand canal de décharge D E, qui recevait beaucoup d'autres eaux. L'aile droite de l'ados XIII versait ses eaux dans un canal, F G, servant aussi à d'autres usages. Pour réunir toutes les eaux des colateurs, j'ai fait faire le canal H I et la rigole K L I, qui se réunissaient au point T, où était installé l'appareil de jaugeage

6

des eaux de sortie, pour aller rejoindre, au delà, l'ancien canal de décharge.

La rigole B C, qui reçoit les eaux de la prise, ne doit pas desservir seulement la prairie considérée; une partie de l'eau continue par le chenal en bois placé en C, pour aller, par le canal C O, arroser d'autres prairies situées plus loin.

Jaugeages. — Le volume d'eau servant à l'arrosage de la prairie en expérience était donc égal au volume introduit par la vanne, diminué du volume sortant par le chenal C. Cette circonstance compliquait le jaugeage de l'eau d'entrée et j'aurais désiré l'éviter. Mais, je l'ai déjà dit, il est difficile de réunir toutes les conditions désirables pour des expériences de cette espèce, et on est obligé de se contenter des conditions les moins mauvaises, sans prétendre trouver le bien absolu.

Pour chaque osbervation, il faut donc calculer le débit de la vanne et celui du chenal, dont la différence donne le volume d'eau entré, et, d'autre part, le débit de l'appareil situé en T, qui reçoit toutes les eaux de colature. Voici comment ont été conduites ces opérations.

La vanne de prise se rapprochait beaucoup de l'une de celles étudiées par M. Lesbros. J'ai donc calculé son débit à l'aide de la formule et de la table dressée par cet officier supérieur.

Si on appelle h la hauteur de l'eau au-dessus du seuil, h' la hauteur au-dessus du bord inférieur de la vanne, l la largeur de cette vanne, D le débit cherché, on a :

$$D = K l (h - h') \sqrt{2g \frac{h + h'}{2}}.$$

La *Levée* de la vanne est égale à $h - h'$ et si on la désigne par L, la formule précédente devient :

$$D = K.\, l.\, L \sqrt{2 g \left(h - \frac{L}{2} \right)}.$$

Pour la vanne qui nous occupe, $l = 0^m,74$, les quantités

h et L étaient observées à l'aide de deux échelles, dont la lecture était très-facile et pouvait se faire avec exactitude. Ces données étaient inscrites sur le carnet de l'observateur. La quantité K est donnée pour le cas actuel, par la table XXXIV de M. Lesbros. J'ai dressé ainsi une table des débits répondant à toutes les observations faites pendant la durée des expériences, et, à l'aide de cette table, j'ai pu calculer rapidement les débits de l'eau à l'entrée.

Afin de m'assurer de l'exactitude de la formule que j'employais, j'ai fait un grand nombre de jaugeages répondant à différentes valeurs de H et de L, dans le canal B C, à l'aide du tube de Darcy. Ces vérifications m'ont donné un accord aussi parfait que possible entre l'observation et les chiffres fournis par la formule.

Les jaugeages du débit du chenal situé en C pour différentes hauteurs d'eau aux échelles peintes sur les faces de ce chenal, que j'avais fait établir sur une longueur de 5^m,95, en fortes planches parfaitement dressées et assemblées, ont été faites à l'aide du tube de Darcy. J'ai réuni par une courbe les données de ces nombreuses observations faites dans des conditions aussi rapprochées que possible des débits ordinaires et contrôlées chacune par des observations de vitesses à la surface. Cette courbe a servi à obtenir par interpolation les débits répondant à chaque hauteur observée pendant la durée des expériences et qui était notée sur le carnet de l'observateur.

Le débit ainsi obtenu, retranché du débit correspondant de la vanne de prise, donne le débit de l'eau entrée sur la prairie. Pour simplifier ce sont ces derniers chiffres seulement qui figurent dans la colonne 7 du tableau n° 9.

Les tarages de l'appareil placé à la sortie des eaux de colature ont été faits de la même manière et en multipliant plus encore les jaugeages. Cet appareil portait trois échelles, que l'observateur lisait séparément, pour éviter autant que possible les erreurs. En très-grandes eaux, cette jauge était un peu trop petite, l'eau était agitée et les lectures des échelles devenaient difficiles. Mais ces circonstances ne se sont produites que très-rarement, et les incertitudes qu'elles ont pu causer sont tout à fait sans influence sur le résultat final.

Il n'était pas possible de multiplier les observations à Saint-Dié comme dans les courtes opérations de Vaucluse. En général, après s'être assuré que le régime une fois établi variait peu, on s'est contenté de noter une fois par 24 heures les hauteurs des différentes échelles des appareils de jaugeage. Pour calculer les volumes j'ai admis que le débit au moment de l'observation représentait le débit moyen de la période.

Je ne reproduirai pas ici les détails de ces calculs et de ces opérations de tarage des appareils qui n'occuperaient pas à eux seuls moins de vingt à trente pages.

Résultats. — Les volumes calculés comme on vient de l'expliquer n'ont pas la précision pour ainsi dire absolue des observations faites sur les petits volumes d'eau des irrigations de Vaucluse, mais j'ai très-sévèrement discuté toutes les causes d'inexactitude que je pouvais redouter et je suis resté convaincu que les chiffres relatifs à la prairie du moulin de Saint-Dié, ont un degré d'exactitude très-suffisant pour les recherches les plus délicates quand elles portent sur des volumes aussi énormes.

La disposition du tableau suivant ne présente d'ailleurs rien de particulier et se rapproche beaucoup de celle du tableau numéro 1. J'ai dû seulement y ajouter une colonne indiquant la surface arrosée, parce qu'il est arrivé quelquefois qu'on ne mettait l'eau que sur une partie de la prairie. La fonte de la neige explique sans doute l'excès de l'eau sortie sur l'eau entrée dans la 1re expérience.

TABLEAU N° 9. — *Volumes d'eau employés en 1859 et 1860 aux arrosages de la prairie de Saint-Dié (Vosges).*

DATES des observations.	heures des observations.	TEMPÉRATURE de l'eau.		SURFACE arrosée.	TEMPS correspondant à chaque débit.	DÉBITS par seconde.		VOLUMES par périodes.		OBSERVATIONS.
(1)	(2)	(3) Entrée.	(4) Sortie.	(5)	(6)	(7) Entrée.	(8) Sortie.	(9) Entrée.	(10) Sortie.	
1859.	h. m.	°	°	hect.	h.	lit.	lit.	m. c.	m. c.	(a) Ados V à XIII. L'irrigation a commencé le 22 nov. Le 23 le pré est couvert de neige, le 24 elle a disparu. L'usine prend toute l'eau le 25 et le 26.
23 nov.	11.0	3.0	3.0	0.6036(a)	24.00	33.8	37.5	2920.32	3240.00	
24 —	11.0	3.0	3.0	0.6036(a)	24.00	33.8	33.7	2920.32	2911.68	
Totaux et moyennes par période.					48.00	33.8	35.6	5840.64	6151.68	
27 nov.	4.0h s	3.0	3.0	0.5913(b)	2.00	331.4	103.8	2386.08	747.36	(b) Tout excepté les ados I, II, III, VI. (c) Tout le pré.
28 —	11.0h m	3.0	3.0	0.7633(c)	19.00	218.0	212.5	14911.20	14535.00	
29 —	11.0	4.0	4.0	0.7633	24.00	208.0	296.6	25747.20	25626.24	
30 —	11.0	6.5	6.5	0.7633	24.00	412.3	410.5	35622.72	35467.20	
1er déc.	11.0	3.0	3.0	0.7633	24.00	464.1	461.6	40098.24	39882.24	
2 —	11.0	1.0	1.0	0.7633	24.00	524.1	518.3	45282.24	44781.12	
3 —	11.0	0.0	0.0	0.7633	24.00	524.1	518.3	45282.24	44781.12	
4 —	8.0	2.0	2.0	0.7633	21.00	524.1	518.3	39621.96	39183.48	
Totaux et moyennes par période.					162.0	426.8	420.1	248951.88	245003.76	
6 déc.	11.0	3.0	3.0	0.7633	20.00	324.4	259.4	23356.80	18676.80	(c) Ados VI à XIII. (1) Tempér. de l'air 5°.5.
7 —	11.0	2.5	3.0	0.7633	24.00	324.4	259.4	28028.16	22412.16	
8 —	11.0	2.5	3.0(1)	0.5681(c)	24.00	78.8	77.4	6808.32	6687.36	
9 —	11.0	1.5	2.0	0.5681(c)	24.00	71.3	57.3	6160.32	4950.72	
10 —	11.0	1.0	1.0	0.5681(c)	24.00	71.3	57.3	6160.32	4950.72	
Totaux et moyennes par période.					116.00	168.9	148.1	70513.92	57677.76	
1860 6 janv.	11.0	3.5	4.0	0.7633	24.00	504.3	507.8	43571.52	43873.92	Grandes eaux.
7 —	11.0	2.0	2.0	0.7633	24.00	383.1	380.3	33099.84	32857.92	
8 —	7.0	1.0	1.0	0.7633	20.00	383.1	380.3	27583.20	27381.60	
9 —	11.0	0.0	0.5	0.7633	28.00	539.8	507.8	54411.84	51186.24	Températ. de l'air 1°.
10 —	7.0	0.5	0.5	0.7633	20.00	539.8	507.8	38865.60	36561.60	
11 —	11.0	1.0	1.5	0.7633	28.00	349.4	347.4	35219.52	35017.92	
12 —	11.0	1.0	1.5	0.7633	24.00	359.1	347.4	31026.24	30015.36	Températ. de l'air 2°.
13 —	11.0	1.0	1.5	0.7633	24.00	400.6	349.1	34611.84	30162.24	
14 —	5.0h s	1.5	2.0	0.7633	30.00	400.6	349.1	43264.80	37702.80	
15 —	11.0h m	1.5	2.0	0.7633	18.00	85.0	83.6	5508.00	5417.28	
16 —	11.0	2.0	2.0	0.5681(a)	24.00	85.0	83.6	7344.00	7223.04	(a) Ados VI à XIII. Le pré est couvert de neige le 17 et le 18. (b) Ados IV à XIII. La neige a disparu.
17 —	11.0	1.5	1.5	0.5681(a)	24.00	89.4	86.9	7724.16	7508.16	
18 —	11.0	2.0	2.0	0.6693(b)	24.00	123.5	103.8	10670.40	8968.32	
19 —	5.0	»	»	0.6693(b)	18.00	123.5	103.8	8002.80	6726.24	
20 —	11.0	4.5	4.5	0.7633	19.00	123.5	121.5	8447.40	8310.60	
21 —	11.0	4.0	4.0	0.7633	24.00	144.9	129.6	12519.36	11197.44	
22 —	11.0	3.0	3.0	0.7633	24.00	195.8	149.6	16917.12	12925.44	
23 —	3.0	3.0	3.0	0.7633	28.00	118.9	107.6	11964.96	10846.08	
Totaux et moyennes par période.					425.00	281.5	264.0	430752.60	403882.20	

TABLEAU N° 9. *(Suite.)*

DATES des observations. (1)	HEURES des observations. (2)	TEMPÉRATURE de l'eau. Entrée. (3)	Sortie. (4)	SURFACE arrosée. (5)	TEMPS correspondant à chaque débit. (6)	DÉBITS par seconde. Entrée. (7)	Sortie. (8)	VOLUMES par périodes. Entrée. (9)	Sortie. (10)	OBSERVATIONS.
1860	h. m.	°	°	hect.	h.	lit.	lit.	m. c.	m. c.	
3 avril.	11.0	7.0	8.0	0.7633	24.00	389.3	384.9	33635.52	33255.36	Grandes eaux de la fonte des neiges dans la montagne.
4 —	11.0	3.0	4.0	0.7633	24.00	298.9	296.6	25824.96	25626.24	
5 —	11.0	7.5	8.0	0.7633	24.00	401.0	398.2	34646.40	34404.48	
6 —	11.0	10.0	11.0	0.7633	24.00	306.4	304.6	26472.96	26317.44	
7 —	11.0	12.0	12.3	0.7633	24.00	290.6	288.6	25107.84	24935.04	
Totaux et moyennes par période.					120.00	337.2	334.6	145687.68	144538.56	
8 mai.	4.0hs	12.0	12.5	0.7633	29.00	408.8	371.2	42678.72	38753.28	
9 —	6.30	12.0	12.5	0.7633	3.30	172.7	170.2	2176.02	2144.52	
10 —	11.0hm	17.0	18.0	0.7633	16.30	841.5	827.6	20285.10	19459.44	
11 —	11.0	16.0	17.0	0.7633	24.00	302.2	298.6	26110.08	25799.04	
12 —	3.0hs	14.0	15.0	0.7633	28.00	302.2	298.6	30461.76	30098.88	On coupe le foin le 5 juil.
Totaux et moyennes par période.					101.00	334.7	319.7	121711.68	116255.16	
30 juil.	9.0hm	13.0	13.5	0.7633	19.00	398.5	306.7	27257.40	20978.28	Températ. de l'air 16°. Il y a de fortes pluies, le regain a grandi de 6 à 8 centim.
31 —	4.0hs	15.0	15.5(1)	0.7633	31.00	342.7	338.3	38245.32	37754.28	(1)Tempér. de l'air 14.5.
1er août	5.0hm	12.0	12.5(2)	0.7633	13.00	280.1	276.8	13108.68	12954.24	(2) Tempér. de l'air 7.5.
1er août	3.0hs	15.0	16.0	0.7633	10.00	159.0	129.6	5724.00	4665.60	Températ. de l'air 16°.
2 —	5.0hm	»	»	-0.7633	14.00	159.0	129.6	8013.60	6531.84	Irrigation suspendue parce que l'usine prend l'eau.
2 —	6.0hs	»	»	0.7633	11.00	60.1	42.4	2379.96	1679.04	
Totaux et moyennes par période.					98.00	268.5	239.7	94728.96	84563.28	
7 août.	11.0hm	15.0	15.5	0.7633	28.00	194.0	189.2	19555.20	19071.36	Températ. de l'air 16°. Hautes eaux, le pré a toute l'eau nécessaire, car on pourrait en prendre plus.
8 —	4.0hs	»	»	0.7633	29.00	194.0	189.2	20253.60	19752.48	Temps pluvieux.
9 —	5.0hs	17.0	16.5	0.7633	9.00	127.2	122.6	4121.28	3972.24	L'irrigateur dit qu'il n'y a plus besoin d'arroser jusqu'au regain; le 14 sept. on coupe le regain.
10 —	11.0hm	15.0	16.0	0.7633	18.00	130.4	123.6	8140.92	8009.28	
11 —	11.0	16.0	17.0	0.7633	24.00	133.4	127.8	11525.76	11041.92	
Totaux et moyennes par période.					108.00	164.4	159.1	63905.76	61847.28	
Totaux généraux pour 1859-60.					1178.00	278.7	264.1	1182093.12	1119919.68	

Résumé. — Les chiffres détaillés qui précèdent, réunis par périodes d'arrosage et ramenés à l'étendue d'un hectare, peuvent se résumer dans le tableau suivant.

TABLEAU N° 10. — *Volumes d'eau employés, par périodes d'arrosages et par hectare, pendant les années 1859 et 1860, déduits des observations faites sur la prairie de Saint-Dié (Vosges).*

DATES des arrosages.	DURÉE de l'arrosage.	DÉBITS MOYENS par seconde.		VOLUMES par arrosage pour 0 hect. 7633.		VOLUMES par arrosage pour 1 hectare.		OBSERVATIONS.
		Entrée.	Sortie.	Entrée.	Sortie.	Entrée.	Sortie.	
	h.	lit.	lit.	m. c.	m. c.	m. c.	m. c.	
Du 23 au 24 nov. 1859..	48.0	33.8	35.6	5840.64	6151.68	7651.83	8059.32	
Du 27 nov. au 4 déc. 1859.	162.0	426.8	420.1	248951.88	245003.76	326152.07	320979.64	
Du 6 au 10 déc. 1859...	116.0	168.9	138.1	70513.92	57677.76	92380.34	75563.68	
Du 6 au 23 janvier 1860.	425.0	281.5	264.0	430752.60	403882.20	564329.86	529120.42	
Du 3 au 7 avril 1860...	120.0	337.2	334.6	145687.68	144538.56	190865.57	189360.09	
Du 8 au 12 mai 1860...	101.0	334.7	219.7	121711.68	116255.16	159454.58	152305.99	
Du 30 juil. au 2 août 1860.	98.0	268.5	239.7	94728.96	84563.28	124104.49	110786.43	
Du 7 au 11 août 1860 ..	103.0	164.4	159.1	63905.76	61847.28	83722.99	81026.18	
Totaux	1178.0	»	»	1182093.12	1119919.68	1548661.23	1467207.75	
Moyennes............	147.15′	278.7	264.1	147761.64	139989.96	193582.65	183400.97	

Habituellement, dans les années moins humides que 1860, on donne un ou deux arrosages de plus avant la coupe du regain. Ordinairement aussi, il y a d'avril à juillet, un, deux et quelquefois trois arrosages de plus qu'on n'en a donné cette année.

Il convient de distinguer, dans cet arrosage, la période d'hiver, celle de printemps et celle d'été. En hiver, les arrosages se font à énormes volumes, mais les eaux sont hautes et généralement assez abondantes pour suffire à tous les besoins. On voit que, même pendant l'été, on emploie encore des volumes d'eau considérables. Ainsi, pendant l'arrosage du 7 au 11 août qui s'est fait dans de bonnes conditions, au dire des praticiens et que l'on peut regarder comme un arrosage normal, on donnait 164 litres par seconde et par hectare. On reviendra plus loin sur ces faits, on se bornera ici à résumer les chiffres.

La prairie de Saint-Dié a reçu, en 1859-1860, huit arrosages d'une durée totale de 1178 heures. Le volume d'eau entré sur la prairie par hectare a été de 1,548,661$^{\text{m. cub.}}$,23, soit, pendant la durée des arrosages, un débit moyen de

$$\frac{1548661.230}{1178 \times 3600} = 365^{\text{lit}},1$$ par seconde et par hectare. Le volume d'eau des colatures a été de 1,467,207^{m},75, soit, pendant la durée des arrosages, un débit moyen de 345^{lit},9. Le volume d'eau infiltrée, évaporée, etc., ne représente donc pendant la durée effective des arrosages qu'un débit de 19^{lit},2 par seconde, ou un volume de 81,453$^{\text{m. cub.}}$,48 ou ou une tranche d'eau de 8^{m},145 d'épaisseur environ. La presque totalité de cette eau retombe plus bas dans les cours d'eau, de sorte que la consommation générale est sans doute assez faible. Mais, comme on le verra plus loin, l'eau qui a passé sur la prairie a perdu la plus grande partie de sa valeur, elle est *dégraissée*, comme disent avec raison les irrigateurs des Vosges, et on ne doit pas compter de nouveau sur elle avant qu'elle n'ait fait un long parcours.

Si l'on considère le débit moyen, non plus pendant la durée effective de l'arrosage, mais pendant le temps total où il pourrait avoir lieu, on voit que ce débit, y compris les colatures pour les 261 jours écoulés du 23 novembre 1859 au 11 août 1861, est de $$\frac{1548661230.^{\text{lit}}}{261 \times 86400} = 68^{\text{lit}},675.$$ Pour les 135 jours écoulés du 23 novembre au 7 avril ce débit s'élève à $$\frac{1181379170}{135 \times 86400} = 104^{\text{lit}},285 ;$$ enfin il se réduit à $$\frac{367282060}{126 \times 86400} = 33^{\text{lit}},737$$ pour les 126 jours écoulés du 7 avril au 11 août et comprenant l'irrigation de printemps et d'été.

CHAPITRE VIII.

Description de la prairie. — La prairie dont il reste à
parler est située à Habeaurupt, hameau de la commune de
Plainfaing, dans le haut de la vallée de la Meurthe, au-
dessus des dernières usines. L'étendue de la partie soumise
aux expériences est de $1^h,0645$. Cette surface, *fig.* 6, se
partage en deux autres, l'une de $0^h,7595$, dont les pentes
sont modérées, et l'autre de $0^h,3050$, dont les pentes sont
assez fortes. La première partie se rapproche donc, comme
relief, des prairies disposées en ados, comme celle de Saint-
Dié. La seconde, au contraire, sans présenter cependant
des escarpements prononcés, se rapproche un peu des arrosages de montagne.

La séparation des deux systèmes d'arrosages n'est pas
très-nette. Cependant j'ai cherché à partager autant que
possible, à la sortie, les eaux ayant arrosé le terrain peu in-
cliné des eaux ayant arrosé le terrain à pente forte.

Jaugeages. — L'eau arrivant par la rigole d'amenée OO,
se dirigeait en partie par la rigole PP, tracée au bord de la
route de Habeaurupt à Plainfaing et en partie par la rigole
RR ; sur celle-ci s'embranchait la rigole SS. Des appareils
de jaugeage, analogues à ceux de Saint-Dié, étaient placés
en A, sur la rigole PP ; en B sur la rigole SS, et en H sur la
rigole RR. Une partie des eaux de la rigole PP n'était pas
déversée sur le pré soumis aux expériences, et devait être
rendue à un propriétaire d'aval. Un appareil de jaugeage a
donc été placé en C sur cette rigole PP. Le volume d'eau
entré sur le pré considéré se trouvait ainsi être égal à la
somme des volumes entrés par les jauges A, B et H, diminuée de l'eau sortie par C.

7

Les eaux de colature s'écoulaient par les appareils de jaugeage placés aux points D, E, F, G. La somme des débits de ces quatre rigoles exprime le volume des colatures. Des rigoles de ceinture convenablement tracées ramenaient l'eau aux colateurs et l'empêchaient de retomber directement dans la rivière. Chaque appareil de jaugeage portait deux échelles.

Résultats. — On comprend combien est compliqué le tableau que j'ai dû dresser pour résumer les carnets d'observations et calculer les volumes d'eau entrés et sortis sur la prairie de Habeaurupt. On se bornera, comme pour Saint-Dié, à présenter les résultats de ces laborieux calculs.

Quelques-uns de mes appareils de jaugeage se sont trouvés trop petits dans les grandes eaux, ce qui laisse quelque incertitude sur les chiffres répondant à ces cas heureusement fort rares. Dans un ou deux autres cas, l'obstruction accidentelle d'une rigole d'un pré d'amont, a jeté sur le pré soumis aux expériences un certain volume d'eau non enregistré à l'entrée, ce qui explique l'excès apparent de l'eau sortie sur l'eau entrée dans quelques expériences. Ces causes d'erreurs ou d'incertitude ne portent d'ailleurs que sur quelques journées d'hiver seulement; leur ensemble n'influe pas d'une manière notable sur les résultats obtenus, et surtout ne porte pas sur les arrosages de printemps et d'été, les plus importants à considérer.

Le tableau suivant, dressé dans la même forme que les précédents, réunit les résultats de cette série d'observations.

TABLEAU N° 11. — *Volumes d'eau employés en 1859 et en 1860 aux arrosages de la prairie de Habeaurupt, commune de Plainfaing (Vosges).*

DATES des observations. (1)	HEURES des observations. (2)	TEMPÉRAT. de l'eau.		TEMPS correspondant à chaque débit. (5)	DÉBITS par seconde.		VOLUMES par périodes.		OBSERVATIONS.
		Entrée. (3)	Sortie. (4)		Entrée. (6)	Sortie. (7)	Entrée. (8)	Sortie. (9)	
1859 Du 12 au	h.m.s.	°	°	h.′	lit.	lit.	m. c.	m. c.	
21 nov...	1.0	»	»	240.0	267.4	250.6	231033.60	216518.40	
22 —	1.0	»	»	24.0	802.8	630.9	69361.92	54509.76	
23 —	1.0	»	»	24.0	532.7	449.4	46025.28	38828.16	
24 —	1.0	»	»	24.0	493.0	438.0	42595.20	37843.20	
25 —	1.0	»	»	24.0	486.7	406.4	42050.88	35121.60	
26 —	1.0	»	»	24.0	386.6	378.0	33402.24	32693.76	
27 —	1.0	4.5	4.5	24.0	1048.0	957.4	90547.20	82719.36	
28 —	1.0	4.5	4.5	24.0	937.9	816.5	81034.56	73137.60	
29 —	1.0	4.5	4.5	24.0	871.3	788.8	75280.32	68152.32	
30 —	1.0	5.0	5.0	24.0	1811.0	1711.5	156470.40	147873.60	
1er déc.	1.0	3.5	3.5	24.0	1344.4	1242.0	116156.16	107338.80	
2 —	1.0	2.5	2.4	24.0	1344.4	1240.7	116156.16	107196.48	
3 —	1.0	2.5	2.4	24.0	1344.4	1231.6	116156.16	106410.24	
4 —	1.0	2.0	2.0	24.0	871.1	853.4	75263.04	73733.76	
5 —	1.0	3.0	3.0	24.0	871.1	757.8	75263.04	65473.92	
6 —	1.0	5.0	4.5	24.0	903.6	757.8	78071.04	65473.92	
Totaux et moyennes par période				600.0	668.9	607.9	1444867.20	1313074.88	
11 déc...	1.30	2.0	2.0	5.30	555.3	454.7	10994.94	9003.06	
12 —	1.00	5.0	5.0	23.30	418.5	402.2	35405.10	34026.12	
13 —	1.0	3.0	2.5	24.0	430.9	380.0	37229.76	32832.00	
14 —	1.0	3.0	2.5	24.0	373.3	344.4	32253.12	29756.16	
15 —	1.0	2.0	1.5	24.0	389.9	328.8	33687.36	28408.32	
16 —	1.0	2.0	1.5	24.0	308.9	271.8	26688.96	23483.52	
17 —	1.0	2.0	1.5	24.0	192.6	202.2	16640.64	17470.08	
18 —	1.0	2.0	1.5	24.0	151.5	174.1	13089.60	15042.24	
19 —	1.0	1.2	1.5	24.0	151.5	174.1	13089.60	15042.24	
20 —	1.0	2.3	1.5	24.0	144.2	160.4	12459.88	13858.56	
21 —	1.0	0.5	0.0	24.0	127.7	169.3	11033.28	14627.52	
22 —	1.0	2.0	1.5	24.0	420.3	435.1	36313.92	37592.64	
23 —	4.0	8.0	2.5	27.0	231.1	359.4	22462.92	34933.68	
24 —	4.0	4.0	3.5	24.0	265.4	344.9	22930.56	29799.36	
25 —	4.0	3.5	3.5	24.0	398.8	367.8	34456.32	31777.92	
26 —	1.0	3.5	3.5	21.0	616.9	505.9	46637.64	38246.04	
27 —	1.0	3.5	3.0	24.0	511.3	470.5	44176.32	40651.20	
28 —	1.0	3.5	3.5	24.0	471.0	420.7	40654.40	36348.48	
29 —	1.0	4.0	4.0	24.0	603.1	579.2	42107.84	50942.88	
30 —	1.0	4.0	4.0	24.0	1046.3	803.9	90400.32	69456.96	
31 —	1.0	5.0	5.0	24.0	1046.3	819.4	90400.32	70796.16	
1860. 1er janv.	1.0	5.0	5.0	24.0	1046.3	758.8	90400.32	65550.32	
2 —	1.0	5.0	5.0	24.0	1155.7	850.3	99852.48	73165.92	
3 —	1.0	5.0	5.0	24.0	884.8	797.4	76446.72	68895.32	
4 —	1.0	4.0	4.0	24.0	1020.3	873.4	88153.92	75461.76	
A reporter	»	»	»	581.0	»	»	1067965.24	956578.46	

TABLEAU N° 11. (*Suite*).

DATES des observations.	HEURES des observations.	TEMPÉRAT. de l'eau.		TEMPS correspondant à chaque débit.	DÉBITS par seconde.		VOLUMES par périodes.		OBSERVATIONS.
		Entrée.	Sortie.		Entrée.	Sortie.	Entrée.	Sortie.	
(1)	(2)	(3)	(4)	(5)	(6)	(7)	(8)	(9)	
1860	h.	°	°	h. m.	lit.	lit.	ni. c.	m. c.	
Report...	»	»	»	581.0	»	»	1067965.24	956578.46	
5 janv..	1.0	4.0	4.0	24.0	1147.4	997.4	99135.36	86175.36	
6 —	1.0	3.0	3.0	24.0	884.3	728.2	76403.52	62916.48	
7 —	1.0	2.5	2.0	24.0	674.7	616.7	58294.08	53282.88	
8 —	1.0	3.0	3.0	24.0	638.4	503.9	55157.76	43536.96	
9 —	1.0	2.6	2.6	24.0	525.8	524.9	45429.12	45351.36	
10 —	1.0	3.0	3.0	24.0	653.8	637.1	56488.32	55045.44	
11 —	1.0	3.5	3.5	24.0	674.7	574.8	58294.08	49663.72	
12 —	1.0	4.0	4.0	24.0	592.2	561.7	51166.08	48530.88	
13 —	4.0	4.0	4.0	27.0	563.7	518.3	54791.64	50378.76	
14 —	1.0	4.5	4.5	21.0	475.0	472.7	35910.00	35736.12	
15 —	11.0	4.0	3.5	23.0	498.7	467.8	39497.04	37049.76	
Totaux et moyennes par périodes				843.0	559.7	502.3	1608532.24	1524245.18	
30 janv.	2.0	4.5	4.5	100.0	442.3	421.8	159228.00	151848.00	
31 —	2.0	2.0	1.5	24.0	501.8	482.7	43355.52	41705.28	
1er fév.	2.0	3.0	2.6	24.0	391.0	363.5	33782.40	31408.40	
2 —	2.0	2.0	1.5	24.0	366.2	350.5	31639.68	30283.20	
3 —	3.0	2.0	1.5	25.0	303.5	253.0	25129.80	20948.40	
4 —	1.0	2.0	1.5	22.0	250.9	181.2	19871.28	14351.04	
5 —	1.0	2.5	2.0	24.0	187.9	154.7	16234.56	13366.08	
6 —	1.0	0.5	0.0	24.0	169.6	129.0	14653.44	11145.60	
7 —	1.0	2.0	1.5	24.0	174.3	131.1	15059.52	11327.04	
8 —	1.0	1.5	1.0	24.0	169.7	131.1	14662.08	11327.04	
9 —	1.0	3.0	2.5	24.0	146.2	118.8	12631.68	10264.32	
10 —	1.0	2.0	1.5	24.0	144.9	102.2	12519.36	8830.08	
11 —	1.0	2.5	2.0	24.0	145.2	98.9	12545.28	8544.96	
Totaux et moyennes par périodes				387.0	295.2	262.2	411312.60	365347.44	
31 mars..	1.0	6.0	6.5	21.0	516.2	494.0	39024.72	37346.40	
1er avril	1.0	3.5	3.5	24.0	854.0	657.0	73785.60	56764.80	
2 —	11.0	3.5	3.5	22.0	849.5	657.0	67280.40	51034.40	
3 —	1.0	3.5	4.0	26.0	800.6	630.6	74936.16	59024.16	
4 —	2.0	3.0	3.5	25.0	650.8	588.3	58572.00	42947.00	
5 —	1.0	3.5	3.0	23.0	504.7	482.6	41789.16	39959.28	
6 —	1.0	2.5	3.0	24.0	693.7	576.8	59935.68	49835.52	
7 —	1.0	3.0	4.0	24.0	755.7	657.9	65292.48	56842.56	
8 —	1.0	4.5	4.5	24.0	865.5	780.0	74779.20	67392.00	
9 —	1.0	5.0	5.0	24.0	716.9	720.3	61940.16	62233.92	
10 —	1.0	5.5	6.0	24.0	756.6	644.3	65370.24	55667.52	
11 —	2.0	5.0	4.5	25.0	657.8	528.4	59202.00	47106.00	
12 —	1.0	5.0	5.5	23.0	513.9	408.1	42550.92	33790.68	
13 —	2.0	5.5	6.0	25.0	380.3	314.0	34227.00	28260.00	
Totaux et moyennes par périodes				334.0	680.9	572.4	818685.72	688201.24	
9 mai..	11.0	8.0	8.5	1.30	481.8	398.5	2601.72	2151.90	
10 —	1.0	11.5	12.5	26.00	638.5	557.1	59763.60	52144.56	
11 —	4.0	10.0	11.0	27.0	557.4	535.9	54179.28	52089.48	
12 —	8.0	»	»	16.0	557.4	535.9	32106.24	30867.84	
Totaux..	»	»	»	70.30	585.7	540.8	148650.84	137253.78	

TABLEAU N° 11 (suite).

DATES des observations.	HEURES des observations.	TEMPÉRAT. de l'eau.		TEMPS correspondant à chaque débit.	DÉBITS par seconde.		VOLUMES par périodes.		OBSERVATIONS.
		Entrée.	Sortie		Entrée	Sortie	Entrée	Sortie	
(1)	(2)	(3)	(4)	(5)	(6)	(7)	(8)	(9)	
1860	h.	°	°	h. m.	lit.	lit.	m. c.	m. c.	
1er juill.	1.0	9.0	10.0	20.0	349.1	339.8	25135.20	24465.60	
2 —	1.0	10.5	10.5	24.0	362.2	334.3	31294.08	28883.52	
3 —	1.0	13.0	12.25	24.0	330.8	289.6	28581.12	25021.44	
4 —	1.0	13.0	12.25	24.0	287.3	269.0	24822.72	23241.60	
5 —	1.0	13.5	12.75	24.0	336.6	303.4	29082.24	26213.76	
6 —	8.0	13.5	13.5	19.0	336.6	303.4	23023.44	20752.56	
7 —	1.0	13.0	12.25	29.0	336.6	290.7	48470.04	30349.08	
8 —	6.0	11.5	11.0	25.0	299.8	212.3	26982.00	19107.60	
9 —	7.0	7.5	8.0	13.0	283.1	211.9	13483.08	9916.92	
Totaux et moyennes par périodes				202.0	345.0	286.0	250373.92	207951.48	
Totaux généraux pour 1859-60.				2436.30	»	»	4772922.52	4236077.00	

Les chiffres détaillés qui précèdent, réunis par périodes d'arrosages et ramenés à l'étendue d'un hectare, peuvent se résumer dans le tableau n° 12 ci-après.

TABLEAU N° 12. — *Volumes d'eau employés par périodes d'arrosages et par hectare pendant les années 1859 et 1860, déduits des observations faites sur la prairie de Habeaurupt, commune de Plainfaing (Vosges).*

DATES DES ARROSAGES.	DURÉE de l'arro-sage.	DÉBITS MOYENS par seconde.		VOLUMES PAR ARROSAGE pour 1 hect. 0645.		VOLUMES PAR ARROSAGE pour 1 hectare.	
		Entrée.	Sortie.	Entrée.	Sortie	Entrée.	Sortie.
	h.	lit.	lit.	m. c.	m. c.	m. c.	m. c.
Du 12 novembre au 6 décembre 1859...	600.0	668.9	607.9	1444867.20	1313074.88	1357320.06	1233513.27
Du 11 décembre 1859 au 15 janvier 1860	843.0	559.7	502.3	1698532.24	1524245.18	1595615.07	1431888.38
Du 30 janvier au 11 février 1860......	387.0	295.2	262.2	411312.60	365347.44	386390.42	343210.37
Du 31 mars au 13 avril 1860..........	334.0	680.9	572.4	818685.72	688204.24	769080.06	646504.69
Du 9 au 12 mai 1860.................	70.30'	585.7	540.8	148650.84	137253.78	139643.81	128937.32
Du 1er au 9 juillet 1860.............	202.0	345.0	286.0	250873.92	207951.48	235673.01	195351.32
Totaux................	2436.30'	»	»	4772922.52	4236077.00	4483722.43	3979405.35
Moyennes..............	406.5	544.2	482.9	795487.08	706012.83	747287.07	663234.22

Les observations faites au sujet de la prairie de Saint-Dié se reproduisent ici d'une manière encore plus marquée. Placée plus haut et dans une gorge assez froide, le régime d'arrosage de la prairie de Habeaurupt a encore été plus modifié par le mauvais temps de 1860 que celui de Saint-Dié. Il n'y a pas eu d'arrosage après la première coupe et on n'en a pas fait en juin.

Les chiffres des deux tableaux qui précèdent peuvent, du reste, se résumer de la manière suivante :

La prairie de Habeaurupt a reçu en 1859-1860, six arrosages seulement d'une durée totale de $2,436^{\text{heur.}},30'$. Le volume d'eau entré sur la prairie, par hectare, a été de $4,483,722^{\text{mc.}},43$, soit, pendant la durée de l'arrosage, un débit moyen par hectare et par seconde de $\dfrac{4483722430^{\text{lit}}}{2436.5 \times 3600}$ $= 511^{\text{lit}},2$ environ. Le volume d'eau des colatures a été de $3,979,405,350^{\text{lit}}$, soit, pendant la durée de l'arrosage, un débit de $453^{\text{lit}},6$ par seconde et par hectare.

Le volume d'eau évaporée, infiltrée, etc., représente donc un débit continu de $57^{\text{lit}},6$ par seconde et par hectare pendant la durée de l'arrosage. Cette eau se retrouve plus bas, de sorte que la consommation générale est peu considérable, mais, comme on l'a déjà dit, l'eau sortie est en partie privée de ses principes fertilisants.

Si l'on considère le débit moyen, non plus pendant la durée effective de l'arrosage, mais pendant le temps total où il pourrait avoir lieu, on voit que ce débit, pour les 239 jours écoulés, du 12 novembre 1859 au 9 juillet 1860, est de $\dfrac{4483722430}{239 \times 86400} = 217^{\text{lit}},133$ et de $\dfrac{3979405350}{239 \times 86400} = 192^{\text{lit}},711$ pour les colatures. Pour les jours écoulés du 12 novembre au 13 avril le débit devient $\dfrac{4108405610}{152 \times 86400} = 312^{\text{lit}},835$, et enfin il est de $\dfrac{3753316820}{87 \times 86400} = 49^{\text{lit}},930$ pour l'arrosage du printemps et d'été, depuis le 31 mars jusqu'au 9 juillet 1860.

CHAPITRE IX

RÉCAPITULATION DE LA PREMIÈRE PARTIE.

Résumé. — L'étendue des détails donnés dans les chapitres précédents oblige à résumer ici en peu de mots les résultats obtenus.

Le premier chapitre fait connaître l'organisation des expériences et les six terrains soumis aux observations consignées dans ce travail.

Il est inutile de revenir sur les indications données dans le chapitre second au sujet du tube de Pitot, perfectionné par M. Darcy, pour le jaugeage des eaux employées en irrigation. Cet instrument permet d'étudier, dans leurs plus minutieux détails, les procédés pratiques de l'irrigation et de suivre l'eau depuis les plus grands canaux jusqu'à l'extrémité des plus petites rigoles de déversement. On ne saurait assez recommander ces études aux ingénieurs des services hydrauliques et aux agriculteurs qui veulent se rendre compte de leurs méthodes d'arrosages.

Les chapitres 3 à 8 sont consacrés chacun à l'étude d'un terrain arrosé. Un tableau détaillé donne toutes les observations faites pendant l'année. Ces tableaux détaillés se résument chacun en un tableau où les chiffres sont groupés par arrosage et ramenés à l'étendue normale d'un hectare. Ces tableaux récapitulatifs sont eux-mêmes trop étendus pour être reproduits ici. On se bornera à réunir les principaux renseignements qu'ils fournissent.

Tableau Nº 13. — *Résumé des observations de jaugeage.*

	TAILLADES (Vaucluse). Prairie.	TAILLADES (Vaucluse). Luzerne.	TAILLADES (Vaucluse). Haricots.	L'ISLE (Vaucluse). Prairie.	SAINT-DIÉ (Vosges). Prairie.	HABEAURUPT (Vosges). Prairies.
Nombres d'arrosages.........	13.	11.	6.	5.	8.	6.
Durée totale des arrosages sur la parcelle.................	h. ' 11.0	h. ' 38.04	h. ' 2.45	h. ' 31.00	h. ' 1178.00	h. ' 2436.30
Durée moyenne des arrosages sur la parcelle	' '' 50.46	h. ' 3.28	' '' 27.30	h. ' 6.12	h. ' 147.15	h. ' 406.05
Volume d'eau entrée par hectare	m. c. 16833.006	m. c. 37959.224	m. c. 5125.649	m. c. 5402.289	m. c. 1548661.23	m. c. 4483722.43
Volume d'eau sortie par les colateurs, par hectare.......	3178.877	2001.172	0.0	326.366	1467207.75	3979405.35
Débit moyen pour la parcelle considérée pendant la durée de l'arrosage.................	lit. 26.56	lit. 25.76	lit. 7.973	lit. 4.570	lit. 278.700	lit. 544.200
Débit moyen pour la parcelle considérée pendant les saisons entières par hectare...	1.89	4.393	0.933	1.226	68.675	217.133
Débit moyen pour la parcelle considérée pendant l'hiver..	»	»	»	»	101.285	312.835
Débit moyen pour la parcelle considérée pendant l'été....	1.89	4.303	0.988	1.226	33.737	49.930

Observations. — Ces chiffres n'exigent pour ainsi dire aucun commentaire. Ils montrent combien sont différents les régimes d'arrosages du Midi et des Vosges. L'arrosage de la prairie de l'Isle, par exemple, n'emploie qu'une couche d'eau de 0^m,54 d'épaisseur, tandis que l'eau versée sur la prairie de Habeaurupt couvrirait le sol d'une couche d'eau de près de 400^m d'épaisseur, si elle y était réunie à un moment donné. La différence du régime d'été au régime d'hiver dans les arrosages des Vosges, mérite également d'être remarquée.

Ces énormes différences ne sont pas le résultat d'habitudes locales non motivées. On verra par la seconde partie de ce travail que ces pratiques sont d'accord avec les conditions de la végétation, et que l'on rendrait pour ainsi dire inutiles les irrigations des climats froids si l'on voulait leur appliquer les règlements adoptés dans le Midi pour l'usage des eaux.

Les traités d'irrigation les plus connus et les plus appréciés sont principalement consacrés à l'étude des arrosages des pays chauds. Quiconque veut s'occuper de l'emploi des eaux en agriculture, s'empresse de visiter l'Italie, l'Espagne et la Provence ; mais bien peu de personnes ont étudié en détail les arrosages de l'Angleterre, de l'Allemagne, des Vosges et du nord de la France. D'un autre côté, on admet généralement que le volume d'eau concédé pour une irrigation représente la consommation effective. Cette supposition est ordinairement très-inexacte, car les concessions sont calculées pour le plus bas étiage des cours d'eau et, par conséquent, les débits réels sont de beaucoup supérieurs aux volumes concédés. Une erreur non moins grave, et cependant assez fréquente, consiste à calculer les volumes d'eau employés dans un grand système d'arrosage, sans tenir compte du nombre de passages de la même eau sur des parcelles différentes. Pour connaître exactement le volume d'eau versé sur un terrain, il faut suivre jour par jour les arrosages et ne pas se contenter, comme beaucoup d'auteurs, d'une expérience isolée exécutée en basses eaux. Il résulte de ces observations et de plusieurs autres, trop longues à exposer ici, que l'opinion des personnes qui n'ont fait qu'une étude superficielle des arrosages tend à fixer trop bas la consommation de l'eau et à regarder les irrigations à petit volume comme la règle générale, et l'emploi des grands volumes comme une rare exception, basée seulement sur une routine peu intelligente. Il convenait d'indiquer quelques-unes des causes qui ont généralisé cette opinion pour mettre en garde contre les conclusions que l'on pourrait en déduire, et qui compromettraient gravement les intérêts des arrosants des contrées septentrionales.

DEUXIÈME PARTIE

EXAMEN CHIMIQUE DES EAUX ET DES RÉCOLTES.

CHAPITRE PREMIER

PROCÉDÉS D'ANALYSES.

Observations préliminaires. — Toutes les personnes qui se sont occupées d'irrigations savent que l'eau présente, pour cet usage, des qualités très-différentes. Mais, la cause de ces différences ne paraît pas bien connue. Certains auteurs attribuent une grande influence à tel caractère physique ou chimique que d'autres observateurs considèrent comme tout à fait insignifiant. La question, en effet, n'est pas, en général, susceptible d'une solution unique. Les effets observés dans les phénomènes agricoles, sont la résultante du concours de forces de nature très-variée, résultante qui peut ne pas changer, alors même que plusieurs forces éprouvent des modifications considérables, se compensant les unes et les autres.

Certaines eaux sont mauvaises, d'une manière absolue, soit parce qu'elles renferment un principe nuisible au développement de toutes les plantes, un véritable poison pour les végétaux, soit parce qu'elles présentent quelques conditions physiques incompatibles avec la vie végétale. A moins de se trouver en présence de ces circonstances, très-rares d'ailleurs dans la pratique, ce serait donc mal poser le problème de l'étude des eaux d'irrigation, dans l'état actuel de nos connaissances, que de vouloir apprécier la nature de ces eaux par l'examen d'un seul de leurs caractères. Il convient plutôt de commencer par étudier les faits que présentent des eaux de natures diverses, employées dans des conditions variées, et de rechercher les modifications qu'elles éprouvent pendant leur séjour ou leur passage sur les plantes. S'il arrive que certains phénomènes, que certaines réactions se produisent d'une manière générale dans toutes les conditions des expériences, on sera fondé à admettre que ces phénomènes dominent en quelque sorte l'opération, et qu'il faut en faire une étude spéciale. On n'aura plus ensuite qu'à examiner comment des circonstances secondaires peuvent modifier le fait principal, et le programme des études de l'emploi des eaux en irrigation aura reçu une grande simplification. Telle est la marche que j'ai cherché à suivre dans ces recherches. Quelques explications sont encore nécessaires à ce sujet avant d'aller plus loin.

J'avais cherché d'abord, dès 1856, à étudier la question en comparant des eaux de qualités reconnues très-différentes pas la pratique ; mais, je ne tardai pas à voir que, pour faire ainsi une expérience sérieuse, il eût fallu transporter chaque eau sur tous les autres terrains et sous toutes les conditions climatériques de ces terrains, ce qui était irréalisable.

Eaux mauvaises. — Ces études préliminaires, dans lesquelles je recherchais des eaux bien caractérisées, m'ont d'ailleurs conduit à reconnaître des composés analogues au tannin, dans toutes les eaux déclarées décidément mauvaises pour la pratique des arrosages. Je crois que ces composés sont la cause chimique la plus fréquente, sinon la seule, de la mauvaise qualité absolue des eaux ; les eaux qui n'en contiennent pas sont plus ou moins fertilisantes, mais elles ne sont pas malfaisantes, du moins dans aucune des nombreuses conditions où j'ai pu opérer.

Les eaux de cette nature sont du reste assez rares. Elles s'améliorent en circulant au contact de l'air, et leur examen détaillé nous éloignerait ici de l'étude plus générale que nous poursuivons. Il suffisait de mentionner l'observation qui précède.

Eaux ordinaires. — La composition des eaux d'arrosage peut être étudiée, ou bien au point de vue des sels minéraux qu'elles renferment, ou bien à celui des gaz qu'elles tiennent en dissolution, ou bien à celui des matières organiques, ou enfin, sous le rapport de leur richesse en ammoniaque et en acide azotique, les recherches faites depuis quelques années ayant nettement indiqué l'influence de ces derniers composés dans les phénomènes de la végétation.

Matières minérales. — Les matières minérales des eaux ordinaires peuvent, dans certains cas particuliers, exercer une grande influence sur leur valeur et leur rôle dans les irrigations. Il n'est pas douteux que certaines eaux qui déposent du tuf sur les plantes sont impropres aux arrosages. La favorable influence de certaines eaux contenant des phosphates ou des alcalis, sur les terrains qui en sont dépourvus, n'est pas plus discutable. Mais, en général, on paraît admettre, et je crois avec raison, que la nature et la proportion des matières minérales contenues dans les eaux claires, quand on ne s'écarte pas des proportions habituelles, n'exercent pas sur les arrosages une action très-prononcée.

L'influence de ces substances, leur fixation ou leur élimination, serait d'ailleurs facile à suivre, dans chaque cas particulier, à l'aide de l'examen du résidu de l'évaporation des eaux, avant et après leur passage sur le sol, et de celui de la terre et des cendres des plantes arrosées. Cette recherche, au point de vue de l'action de certains composés sur le développement des végétaux, présente de l'intérêt; elle sera sans doute reprise plus tard avec détail. Dans ce travail, je me suis peu occupé de cette partie de l'action des eaux d'irrigations; et, si j'ai donné l'analyse minérale du résidu de l'évaporation des eaux employées, c'est seulement pour les caractériser plus complétement et fournir des termes de comparaison pour d'autres recherches.

Matières organiques. — Je désirais faire une étude très-détaillée des matières organiques contenues dans les eaux, auxquelles on a été porté à attribuer une grande importance dans la question des irrigations. Le sujet est difficile, et j'ai consacré beaucoup de temps à chercher la méthode d'analyse que je devais suivre.

J'ai reconnu d'abord que les matières organiques de certaines eaux s'altèrent profondément pendant l'évaporation à 100°, soit à feu nu, soit à la vapeur, dans des vases de verre, de porcelaine ou de métal. L'oxygène dissous dans l'eau froide, que l'on est obligé d'ajouter peu à peu pour évaporer une masse considérable de liquide dans un vase de dimension ordinaire, paraît jouer un rôle important dans cette altération. Quoi qu'il en soit, je me suis assuré qu'en dosant l'azote dans le résidu de 200 litres d'eau évaporés à 100° dans une bassine en cuivre, on en trouvait presque toujours beaucoup moins par litre, que dans le résidu d'un petit volume seulement de la même eau évaporée dans le vide avec des précautions convenables.

Les nombreux et volumineux échantillons que je devais examiner n'auraient pu être évaporés dans le vide assez rapidement, avec les petits appareils ordinaires de laboratoire. J'ai dû, par conséquent, faire établir une machine pneumatique très-solide et facile à mouvoir, et un appareil évaporatoire. Cet appareil n'aurait pas pu contenir à la fois le volume de liquide sur lequel j'avais à opérer, il fallait donc pouvoir y ajouter peu à peu de nouvelle eau. Cette addition a lieu par un tube très-effilé, qui ne laisse tomber le liquide que goutte à goutte. Chaque goutte d'eau a le temps de laisser échapper l'air qu'elle tient en dissolution avant de se mêler à la masse en évaporation. L'évaporation marche assez vite, dans ces conditions, à une température de 40° à 50° au plus, et laisse un résidu à peine coloré en général, et dans lequel la matière organique ne paraît pas altérée.

La proportion de matière organique contenue dans les eaux est généralement très-faible et mélangée d'une forte quantité de matières minérales. Il fallait donc, pour en faire l'analyse, modifier un peu les procédés ordinaires. Voici comment j'opère :

Le résidu de l'évaporation de l'eau, détaché de la capsule où a eu lieu l'évaporation, est introduit dans une longue nacelle de platine et pesé avec exactitude. Cette nacelle est placée dans un tube en verre à analyse organique, au fond duquel on a mis une cartouche contenant du chlorate de potasse sec mêlé d'oxyde de cuivre. En avant de la nacelle on met de l'oxyde de cuivre, et enfin un peu de cuivre réduit.

Le tube ainsi disposé est mis en communication avec un petit tube dessécheur pesé, et celui-ci avec un eudiomètre de M. Regnault, dont le tube mesureur est remplacé par une forte pipette parfaitement jaugée et remplie de mercure. Quand l'expérience est ainsi disposée, on s'assure que tous les joints tiennent bien, puis on enveloppe le tube à combustion d'une boîte en bois garnie de coton, où plongent deux thermomètres. Quand la température paraît bien établie, on peut procéder à la détermination du volume occupé par l'air dans le tube à combustion et dans le tube dessécheur, volume qu'il est nécessaire de connaître, puisque l'azote de cet air se retrouvera dans les produits de l'analyse. Soit x le volume de cet air. Le tube à combustion communiquant avec le mesureur, soit v le volume occupé par de l'air dans le mesureur à la pression extérieure h ; soit v' le volume occupé par l'air à une autre pression h'. La masse d'air étant la même dans ces deux opérations, on a :

$$\frac{v+x}{v'+x}=\frac{h'}{h}, \quad \text{d'où} \quad x=\frac{v\,h'-vh}{h-h'}.$$

Le volume d'air renfermé dans l'appareil à la température observée et à la pression extérieure est $v+x$. Ce volume contient une proportion d'azote facile à ramener à $0°$ et à la pression de $0^m,760$, et qu'il faudra retrancher du volume de ce gaz trouvé à la fin de l'opération.

Cette première observation terminée, on place le tube à analyse sur un fourneau à gaz, et l'on chauffe le cuivre, l'oxyde de cuivre, puis un peu le chlorate de potasse, et enfin la nacelle de platine contenant la matière à brûler. En conduisant convenablement le feu, la combustion se fait très-bien, et en manœuvrant avec soin le robinet inférieur de l'eudiomètre, on peut maintenir sensiblement dans l'appareil la pression atmosphérique, ce qui évite presque complétement la déformation du tube à combustion. Quand la combustion est terminée, on laisse refroidir ; puis, à plusieurs reprises, on fait varier la pression pour mélanger le gaz resté dans le tube à combustion avec celui du mesureur, et en même temps assurer la dessiccation de ces gaz par leur passage réitéré dans le petit appareil dessécheur. On remet alors le tube à combustion dans la boîte garnie de thermomètres dont on a déjà parlé, et lorsque la température est bien fixe, on fait deux nouvelles lectures pour calculer le volume x' de gaz resté dans le tube, volume qui est généralement différent de x, parce que le tube à combustion éprouve quelque déformation pendant son chauffage. Ce volume x' de gaz présente la même composition que le gaz du mesureur, et il faudra l'ajouter à celui-ci par le calcul.

On ferme alors le robinet supérieur du mesureur; on enlève l'appareil dessécheur que l'on pèse, et enfin on procède à l'analyse du mélange d'un peu d'oxygène, d'acide carbonique et d'azote contenu dans le mesureur. On ajoute, par le calcul, aux volumes trouvés celui du gaz resté dans l'appareil à combustion et dans ses annexes ; enfin on retranche de l'azote ainsi calculé celui apporté par l'air atmosphérique contenu dans l'appareil au commencement de l'expérience, et l'on obtient, enfin, toutes les données nécessaires au calcul complet de l'analyse organique. On pèse d'ailleurs la nacelle de platine où se trouvent les cendres, et la perte indique le poids de la substance brûlée. Si l'on craint que la chaux ait été décarbonatée pendant la combustion, on fait une seconde pesée après imbibition par le carbonate d'ammoniaque.

Les personnes qui se servent de l'eudiomètre de M. Régnault reconnaîtront que si les opérations précédentes exigent quelques soins, elles sont extrêmement précises et permettent, en somme, de doser en une fois l'eau, l'azote et le carbone sur une faible quantité de matières organiques, et en conservant exactement les cendres de ces matières (1).

Les analyses ainsi conduites exigent un certain nombre de précautions qu'il serait trop long d'indiquer ici. Je mentionnerai seulement un petit artifice qui facilite beaucoup les manipulations des analyses organiques. Je remplace la tournure de cuivre par de petites pelotes cylindriques de fil de cuivre très-fin. Ces petites pelotes se fabriquent facilement sur un rouet. On dirige le fil en spirales allongées se recouvrant pour que la masse soit bien poreuse. On les grille ou on les réduit comme de la tournure. Ces petites pelotes remplissent parfaitement les tubes, restent à la place où on les met, et présentent une masse poreuse offrant une surface énorme, où les phénomènes de combustion des produits gazeux se produisent avec la plus grande facilité.

Par suite de diverses circonstances, l'appareil complet à évaporer dans le vide, capable de suffire aux arrivages réguliers des expériences de 1859-1860, n'a pu être terminé dès l'origine de cette série d'opérations. Je n'ai donc pu, malheureusement, exécuter les opérations que je viens de décrire que sur quelques-unes de mes eaux. Ces expériences ne forment donc pas une série, et dès lors je ne les rapporterai pas dans ce qui va suivre. Si j'ai mentionné ici la méthode d'analyse précédente, c'est que j'espère pouvoir l'appliquer à une série complète, et éviter aux personnes qui s'occupent de recherches de cette nature de longs tâtonnements, en signalant les précautions délicates, et négligées jusqu'à présent, que nécessite l'étude des matières organiques des eaux.

(1) On peut remplacer l'eudiomètre de M. Regnault, pour ces expériences, par une petite pompe pneumatique à mercure.

Du reste, dans les eaux sur lesquelles j'ai opéré, la proportion des matières organiques a toujours été très-faible, non-seulement d'une manière absolue, mais encore relativement aux quantités d'ammoniaque et d'acide azotique que contenaient ces eaux. Je suis porté à croire, par suite de très-nombreux essais isolés, qu'il en est généralement ainsi dans les eaux naturelles. L'absence, dans ce travail, de la série complète des études des matières organiques des eaux n'a donc qu'une importance très-secondaire. Pour que cette étude présente tout l'intérêt qu'elle comporte, dans certains cas, il conviendrait d'opérer sur des eaux plus riches sous ce rapport, que celles que j'ai rencontrées, et qui, je le répète, sont assez rares dans les irrigations ordinaires (1).

Envoi des eaux. — L'étude des gaz, de l'ammoniaque et de l'acide azotique des eaux d'irrigation a pu former au contraire des séries complètes que l'on trouvera plus loin. Je dois maintenant indiquer en détail comment les expériences ont été conduites.

Les échantillons d'eau destinés à l'analyse étaient recueillis dans des tourilles en verre clissées de 10 à 20 litres de capacité : ces tourilles étaient complétement remplies d'eau, et on les bouchait avec un bouchon percé d'un petit trou par lequel sortait l'eau dont le bouchon venait occuper la place, afin de ne pas laisser d'air dans la tourille. Une petite cheville de bois fermait à son tour le trou du bouchon, qu'il ne restait plus qu'à envelopper de cire. Ces tourilles étaient expédiées, par les moyens de transport les plus rapides, jusqu'à la gare la plus voisine, et de là avec la messagerie à grande vitesse des chemins de fer. Des étiquettes imprimées simplifiaient autant que possible ces expéditions (2).

(1) Parmi les matières organiques apportées par les eaux que j'ai eu l'occasion d'examiner dans mes recherches préliminaires, de 1856 à 1859, on doit citer surtout le produit singulier que les eaux d'hiver et de printemps laissent quelquefois en grandes plaques minces, particulièrement sur les prairies de la Moselle, et que les irrigateurs appellent *graisse des prés.*

(2) Il m'a été expédié de la sorte plus de 3000 litres d'eau.

A l'arrivée des tourilles à Paris, je prélevais sur chaque échantillon le volume nécessaire à l'extraction et à l'analyse des gaz dissous, et celui nécessaire au dosage de l'ammoniaque et de l'acide azotique. Le reste était évaporé dans une capsule recouverte d'une grande cloche tubulée. Le résidu était séché à 100°, puis pesé et conservé pour un examen ultérieur. On n'a filtré que les eaux sensiblement louches. Quelques-uns des poids des résidus d'évaporation sont donc un peu forts, ce qui n'a aucun inconvénient, puisque, dans ce travail, on ne s'est pas occupé avec détails de l'étude des matières solides des eaux.

Gaz dissous. — L'extraction des gaz dissous a été faite à la température de l'ébullition avec les précautions ordinairement employées pour cette opération. Le gaz était directement recueilli sur le mercure dans le laboratoire d'un eudiomètre de M. Regnault, et analysé immédiatement à l'aide de cet instrument dont le mesureur était jaugé. On dosait dans le mélange l'oxygène, l'azote et l'acide carbonique. L'acide carbonique était absorbé par la potasse. L'oxygène était évalué en faisant détoner le résidu de l'absorption avec de l'hydrogène pur. La détonation était déterminée par l'étincelle d'une bobine de Rumkorf, animée par deux éléments de Bunsen, chargés d'acides peu concentrés et qui fonctionnaient cinq ou six jours de suite sans avoir besoin d'être entretenus.

L'emploi du gaz de pile n'a été nécessaire qu'une ou deux fois pour faire détoner le mélange. J'ai constaté quelquefois la présence de petites quantités de gaz carbonés, mais je n'ai pas essayé de les doser.

Les chiffres qui seront rapportés plus loin ont tous été obtenus comme on vient de l'expliquer, mais je dois dire que l'extraction des gaz à la température de l'ébullition peut faire commettre d'assez grandes erreurs lorsqu'on opère sur certaines eaux renfermant des substances très-altérables. Pour étudier les gaz dissous dans les eaux d'une manière plus rigoureuse, il faut extraire ces gaz à une basse température. J'y parviens facilement à l'aide de l'eudiomètre de

M. Regnault à grand mesureur dont j'ai déjà parlé. J'adapte au robinet inférieur un tube de verre vertical de $0^m,70$ de longueur environ, plongeant à sa partie inférieure dans une cuvette de mercure. Je remplis le mesureur de mercure, puis j'adapte à son robinet supérieur, à l'aide d'un tube convenablement courbé, le ballon jaugé rempli de l'eau dont on veut examiner les gaz. On laisse alors écouler peu à peu le mercure du mesureur, l'eau se trouve soumise à une pression de plus en plus faible, et en chauffant vers $40°$, tous les gaz qu'elle contient se dégagent et se rendent dans le mesureur. Lorsque leur volume cesse d'augmenter, on ferme le robinet supérieur du mesureur, on détache le ballon et on analyse comme de coutume les gaz ainsi recueillis (1).

Pour les eaux qui font l'objet de ce travail, les différences entre les gaz extraits à chaud ou comme on vient de l'indiquer étaient négligeables. Mais je le répète, il n'en est pas toujours ainsi, et pour un certain nombre d'eaux, on trouve un peu plus d'oxigène dans les gaz extraits par le vide que dans ceux extraits à $100°$. Lorsque je recommencerai l'étude d'une série d'eaux au point de vue spécial de leurs matières organiques, je me propose d'extraire toujours par le vide, comme je viens de l'expliquer, les gaz dissous dans l'eau. Dans tous les cas, il était utile d'indiquer ce mode d'extraction des gaz dissous, qui peut être fort utile dans toutes les recherches délicates.

Ammoniaque. — Le dosage de l'ammoniaque des eaux a été exécuté par la méthode de M. Boussingault, avec tous les soins possibles. Quatre appareils de distillation montés sur une même table, pour rendre plus facile leur surveillance, ont permis de faire sans délai l'examen de tous les échantillons qui, par moments, affluaient en grand nombre au laboratoire. Il est inutile d'insister sur la description de ce procédé que tout le monde connaît.

Pour rendre plus facile et plus certain encore l'emploi de l'acide titré à l'aide de la burette, j'ai adopté la dispo-

(1) On peut également employer une petite pompe pneumatique à mercure.

sition suivante. La burette de Gay-Lussac m'a semblé, après bien des essais, présenter des avantages que n'offrent pas les instruments plus récemment imaginés; mais elle a l'inconvénient d'être trop courte, ce qui rend les divisions trop petites et leurs fractions trop difficiles à apprécier. Si on lui donne plus de longueur, $0^m,40$ par exemple, son maniement devient difficile et même fatigant, quand on fait de suite plusieurs dosages. J'ai donc pensé à rendre fixe la burette et à déterminer l'écoulement en exerçant sur la surface du liquide, dans la grosse branche, une légère pression. L'appareil prend alors la forme indiquée par la *fig.* 9. La burette est maintenue par un petit support en tube de laiton *a*. Ce support est relié au sommet de la burette par un bout de tube de caoutchouc, *b c*; en *a* est fixée une petite boule creuse en caoutchouc qui communique avec le support *a b* et par suite avec la burette. Cette petite boule porte en *e* à sa partie supérieure un trou d'aiguille. Si l'on pose le doigt sur ce trou et que l'on presse la boule, l'air qu'elle contient se comprime et la liqueur contenue dans la burette s'élève dans la petite branche et s'écoule par son extrémité. Pour faire cesser la pression et par suite l'écoulement, il suffit de soulever le doigt qui bouchait le petit trou de la boule de caoutchouc. Ce mécanisme très-simple permet de régler l'écoulement, de diminuer à volonté le volume des gouttes avec une facilité extraordinaire. La burette peut être aussi longue qu'on le désire, et la liqueur titrée n'est en contact qu'avec le verre, avantages que ne présentent pas à la fois les anciens instruments. Pour remplir la burette, on comprime la boule de caoutchouc, on pose le doigt sur le petit trou, on présente sous le bec un vase contenant la liqueur titrée, puis on laisse la boule reprendre sa forme primitive, il se produit une aspiration qui fait pénétrer le liquide dans la burette.

Pour éviter toute incertitude de parallaxe dans la lecture de la burette, je place à côté une petite lunette *l* glissant sur un axe vertical, à l'aide de laquelle j'observe la position du liquide après chaque opération.

L'acide sulfurique titré était mesuré à l'aide de pipettes

de 10 centimètres cubes à tube très-étroit, contenant moins de 2 milligrammes de liquide par millimètre de longueur de tige.

Tous les dosages d'ammoniaque ont été faits avec les soins les plus minutieux, trop longs à décrire ici, mais en exagérant encore, s'il est possible, les précautions. Depuis près de cinq ans je m'exerçais journellement, soit sur les eaux de mes essais préliminaires, soit sur des mélanges connus, lorsque j'ai entrepris la série des dosages rapportés dans ce mémoire.

Acide azotique. — A l'époque où j'ai commencé ce travail, la méthode de dosage des azotates de M. Boussingault n'était pas encore publiée. Je dus donc essayer tous les procédés de dosages des nitrates connus à cette époque. Ils présentaient tous, pour les essais que je projetais, des difficultés que je ne pus surmonter complétement.

Le dosage de l'ammoniaque dans les eaux par la méthode de M. Boussingault, est l'un des procédés les plus délicats et les plus exacts que l'on puisse citer pour la détermination de très-petites quantités d'une substance. J'ai donc cherché à ramener le dosage des nitrates des eaux à celui d'un dosage d'ammoniaque, en utilisant la réaction bien connue du zinc sur les nitrates contenus dans une liqueur légèrement acidulée. J'ai dû, par des essais variés, rendre ce procédé aussi simple et aussi régulier que possible. Après beaucoup d'essais exécutés sur des eaux naturelles, employées seules, puis mélangées dans des proportions déterminées, et enfin sur des liquides de compositions connues, je me suis arrêté au mode d'opération suivant.

Un litre d'eau était traité par le procédé de M. Boussingault pour doser l'ammoniaque qu'il renfermait. Le résidu de la distillation était extrait du ballon et renfermé dans une fiole ; après refroidissement complet on ajoutait 2 grammes de zinc coupé en très-petits fragments et 20 centimètres cubes d'acide chlorhydrique. Le dégagement d'hydrogène dans ces conditions est extrêmement lent, il produit dans la liqueur un léger nuage blanc, sans que le gaz se réunisse en bulles de volume appréciable. Après une douzaine d'heures, la réaction était complète. On ajoutait à la liqueur une quantité de potasse un peu inférieure à celle nécessaire pour neutraliser l'acide chlorhydrique employé, et enfin assez de chaux calcinée au moment même de l'emploi pour achever de précipiter l'oxyde de zinc et rendre la liqueur très-légèrement alcaline. Le mélange introduit dans l'appareil distillatoire était traité comme pour un dosage d'ammoniaque ordinaire.

Les réactifs employés, à moins de précautions très-difficiles, introduisent nécessairement dans l'opération une certaine quantité d'ammoniaque et d'acide nitrique qui se transforme lui-même en ammoniaque. Pour tenir compte de cette cause d'erreur, je préparais à la fois la quantité de réactifs nécessaires pour une cinquantaine d'opérations, et je faisais deux ou trois opérations à blanc avec de l'eau privée, aussi complétement que possible, d'ammoniaque et d'acide nitrique, et en employant dans deux opérations successives des quantités différentes de liquide, j'obtenais ainsi la quantité d'ammoniaque, ou d'acide nitrique transformé en ammoniaque, introduite par les réactifs ; c'était, pour chaque série d'opérations, une constante à retrancher des résultats obtenus. Pour chaque série on employait toujours les mêmes volumes de réactifs, que l'on mesurait avec des pipettes.

Si on appelle p le poids d'acide azotique monohydraté répondant aux 10 centimètres cubes d'acide sulfurique titré employé, p' la quantité d'acide nitrique ou d'ammoniaque transformée par la pensée en acide nitrique introduite par les réactifs, N le volume de la liqueur alcaline employée, nécessaire pour neutraliser 10 centimètres cubes d'acide titré, et enfin n le volume de la même liqueur nécessaire pour neutraliser les 10 centimètres cubes d'acide titré qui ont reçu l'ammoniaque distillée, le poids P de l'acide nitrique monohydraté contenu dans la liqueur essayée sera donné par l'équation

$$\left(P = \frac{N - n}{N} \left(p - p' \right) \right)$$

Dix centimètres cubes de l'acide sulfurique titré que j'ai employé répondaient à 0^g,020 d'ammoniaque et par conséquent à 0^g,0744 d'acide azotique monohydraté. La quantité p' a varié de 0$^{millig.}$,54 à 0$^{millig.}$,65, d'une série à l'autre. La quantité N était toujours comprise entre 350 et 380.

Ce procédé de dosage de l'acide azotique est assez rapide et n'exige pas d'autres soins que ceux nécessités par les dosages d'ammoniaque dans les eaux. Quand on fait agir le zinc à froid, dans des liqueurs fort étendues, il donne des résultats très-concordants, soit avec des liqueurs de compositions connues, soit en opérant sur des mélanges de deux eaux, analysées d'abord séparément. Depuis que le procédé de dosage par l'indigo de M. Boussingault a été publié, je l'ai presque toujours employé pour vérifier les résultats obtenus par la méthode employée depuis l'origine de mes recherches et que je devais continuer à appliquer pour que tous les résultats de cette série restassent comparables ; j'ai trouvé entre les deux méthodes une concordance remarquable. Toutefois, je n'ignore pas que l'on peut craindre que certaines matières organiques azotées contenues dans les eaux se transforment, sous l'action du zinc, en ammoniaque, qui s'ajouterait à celui provenant de l'acide azotique lui-même. En opérant à froid, dans des liqueurs très-étendues, je crois que le plus grand nombre des matières organiques des eaux résistent à cette action. Dans tous les cas, comme on l'a déjà dit, les matières organiques contenues dans les eaux qui font l'objet spécial de ce travail étant fort peu abondantes, n'ont pu que modifier très-peu les résultats, comme le prouvent d'ailleurs les vérifications faites sur les dernières eaux, à l'aide du procédé de dosage par l'indigo de M. Boussingault.

Il convient d'ailleurs d'aller plus loin. En admettant même que tout ou partie de l'azote des matières organiques des eaux se soit transformé en ammoniaque confondue avec l'ammoniaque existante dans les eaux ou provenant des azotates décomposés par le zinc, les conclusions à déduire de ce travail, bien loin d'être infirmées, seraient au contraire basées sur des faits plus voisins encore de la vérité que ceux déduits de l'hypothèse où les matières organiques n'auraient subi aucune altération et auraient été entièrement négligées.

Le but principal de ce mémoire est, en effet, de chercher quelle est la quantité d'azote apportée par les eaux d'irrigation et fixée par les plantes. Si donc les procédés d'analyse employés ont fait ajouter à l'azote de l'ammoniaque et de l'acide nitrique des eaux une partie de celui des matières organiques facilement décomposables, et par conséquent, sans doute, d'une assimilation facile, on aurait des chiffres plus voisins de la vérité que si l'on avait complétement négligé ces matières organiques; mais, dans aucun cas, on n'aura des chiffres supérieurs à la vérité, car on ne saurait admettre, et l'expérience directe le démontre, qu'il puisse se créer de l'ammoniaque par l'emploi du zinc pour le dosage de l'acide nitrique.

En résumé, dans les conditions où j'ai opéré et avec les eaux employées, tout porte à croire que la méthode de dosage de l'acide nitrique par sa transformation en ammoniaque au moyen du zinc donne des résultats exacts; mais, en admettant même que quelques matières organiques soient altérées dans cette réaction, il n'y aurait qu'à attribuer à l'acide azotique et à des matières organiques l'azote attribué seulement à l'acide azotique, ce qui, on le répète, ne ferait que donner à nos conclusions un plus grand degré d'exactitude.

Après ces explications préliminaires, indispensables pour faire juger la marche suivie dans ce travail, on peut passer à l'exposition des résultats obtenus.

Pour ne pas allonger encore ce mémoire, déjà trop long, on ne rapportera pas les résultats des essais préliminaires faits de 1856 à 1859 sur un très-grand nombre d'échantillons, soit pour essayer les méthodes, soit pour chercher les parcelles les plus convenables pour les expériences, mais ne formant pas des séries complètes. On dira seulement que ces essais ont concordé d'une manière très-satisfaisante avec les séries complètes dont les résultats seront rapportés dans les chapitres suivants.

CHAPITRE II.

Sol aráble. — Le sol de la prairie sur laquelle ont porté les expériences dans la commune de Taillades est assez léger. Pour en donner une idée, on rapportera les chiffres fournis par l'essai d'un échantillon de cette terre prélevé avant le répandage du fumier.

1° *Constitution physique.*

Sable fin de moins de $0^m,0005$ de diamètre	43.7
Sable gros de $0^m,0005$ à $0^m,003$ de diamètre	5.3
Cailloux de plus de $0^m,003$ de diamètre	14.3
Débris organiques non décomposés	0.1
Parties ténues entraînées par l'eau	28.1
Eau	8.5
	100.0

2° *Composition chimique après grillage.*

Résidu argilo-siliceux insoluble dans les acides	65.6
Alumine et peroxyde de fer solubles dans les acides	3.3
Chaux	16.3
Acide carbonique, eau combinée et produits non dosés	14.8
	100.0
Azote pour 100	0.119

Fumure. — On a répandu comme fumure, sur cette prairie, des balayures de cour contenant, au moment de l'emploi :

Eau perdue à l'étuve	2.6
Matières combustibles	8.6
Cendres	88.8
	100.0
Azote pour 100 ; 1er essai	0.305
Idem 2e essai	0.322
Moyenne	0.313

Il a été employé 2,500 kilogrammes de ce produit, qui ont fourni, par conséquent, à la prairie 7^k,825 d'azote, pour une surface de 0^{hect},0642, ou 121^k,884 par hectare.

Récolte. — Cette prairie a fourni :

	kil. de foin
1res coupes, 10 mai et 15 juin 1860	537
2e coupe, le 26 juillet 1860	196
3e coupe, le 27 septembre 1860	210
Total........................	943

Ou bien par hectare, 14,688 kilogrammes.

Ce foin renfermait une certaine quantité de luzerne. Les produits des différentes coupes, au moment où ils ont été rentrés et pesés, présentaient la composition indiquée dans le tableau n° 14.

TABLEAU N° 14.— *Composition de la récolte de la prairie de Taillades.*

	1res COUPES			2e COUPE			3e COUPE			TOTAUX	
	sur	sur le produit de		sur	sur le produit de		sur	sur le produit de		sur le produit de	
	100	hect. 0.0642	h. 1.0000	100	hect. 0.0642	h. 1.0000	100	hect. 0.0642	h. 1.0000	hect. 0.0642	h. 1.0000
		k.	k.		k.	k.		k.	k.	k.	k.
Eau	15.7	84.31	1313.240	16.2	31.75	494.548	21.7	45.57	709.813	161.63	2517.601
Matières combustibles.	75.7	406.51	6331.931	76.7	150.33	2341.589	70.3	147.63	2299.533	704.47	10973.053
Cendres.	8.6	46.18	719.315	7.1	13.92	216.822	8.0	16.80	261.682	76.90	1197.819
	100.0	537.00	8364.486	100.0	196.00	3052.959	100.0	210.00	3271.028	943.00	14688.473
Azote : 1er dosage . .	1.061	»	»	1.680	».	»	1.244	»	»	»	»
2e dosage . .	1.106	»	»	1.770	»	»	1.261	»	»	»	»
Moyenne	1.083	5.815	90.576	1.730	3.391	52.819	1.252	2.629	40.950	11.835	184.345

Composition de l'eau. — L'analyse minérale des eaux n'a pas été faite sur chaque échantillon. Ne voulant pas étudier, quant à présent, les eaux d'irrigation au point de vue du rôle des matières minérales qu'elles tiennent en dissolution, il suffisait, pour bien indiquer la nature des eaux de mes expériences, de mélanger les résidus des évaporations des eaux d'arrosages opérés à des époques peu éloignées les unes des autres. C'est ainsi que l'on a opéré pour obtenir les résultats consignés dans le tableau suivant. Ces eaux ont été filtrées avant l'évaporation.

TABLEAU Nº 15. — *Composition des matières dissoutes dans les eaux d'arrosage de la prairie de Taillades.*

	MÉLANGES DES EAUX D'ENTRÉE DES			MÉLANGES DES EAUX DE SORTIE DES		
	26 juin 1860 3 juillet 1860	14, 21 et 28 juillet 1860, 4 et 9 août 1860	17 et 25 août 1860 1er et 13 sept. 1860	3 juillet 1860	28 juillet 1860 4 et 9 août 1860	17 et 25 août 1860 1er et 13 septemb.
	g.	g.	g.	g.	g.	g.
Résidu insoluble dans les acides. .	0.007	0.054	0.031	0.006	0.056	0.069
Alumine et peroxyde de fer.. . .	0.006	0.006	0.005	0.002	0.008	0.008
Chaux.	0.065	0.071	0.071	0.055	0.058	0.053
Magnésie	0.005	0.002	0.003	0.007	0.005	0.005
Alcalis.	0.020	0.030	0.026	0.024	0.030	0.020
Chlore.	0.004	0.012	0.010	0.005	0.012	0.011
Acide sulfurique.	0.052	0.062	0.072	0.052	0.051	0.045
Perte par grillage	0.013	0.020	0.036	0.031	0.073	0.048
Acide carbon. et produits non dosés	0.036	0.041	0.036	0.024	0.021	0.037
Poids total par litre du résidu de l'évaporation des eaux mélangées .	0.208	0.293	0.290	0.206	0.314	0.296

Les matières solides limoneuses apportées par les eaux et abandonnées en grande partie sur le sol, forment une terre arable très-fertile. Elles accroissent incontestablement la richesse du sol. Mais nous ne nous arrêterons pas ici à leur étude, qui fait l'objet d'un autre travail (voir plus loin).

Ainsi qu'on l'a déjà dit, il a été fait une prise d'eau à la bouche d'entrée et dans le colateur au milieu à peu près de la durée de l'écoulement répondant à chaque arrosage. Les résultats des analyses des échantillons ainsi obtenus, faites comme on l'a indiqué dans le premier chapitre de cette seconde partie, sont réunis dans le tableau suivant.

On a reproduit dans les trois premières colonnes les chiffres
des tableaux ci-dessus n°s 1 et 2, pages 22 et 25, relatifs
aux jaugeages, afin de présenter dans un seul cadre les résultats complets des matières apportées et entraînées par
les eaux d'arrosage. Ce tableau exige peu d'explications.
Les colonnes (15), (16) ; (19), (20)... sont les produits des
chiffres de la colonne (3) par les chiffres des colonnes (6),
(7), (14), (10) et (11). Les colonnes (17), (18) ; (21), (22)...
s'obtiennent en divisant les colonnes correspondantes (15),
(16)... par 0.0642.

TABLEAU Nº 16. — *Matières apportées et entraînées par les eaux d'irrigation*

Dates et désignation des échantillons (1)	Température de l'eau (2)	Volumes par arrosage pour 0,1642 (3)	COMPOSITION PAR LITRE — Ammoniaque (4)	Acide azotique monohydraté (5)	Gaz dissous — Acide carbon. (6)	Gaz dissous — Oxigène (7)	Gaz dissous — Azote (8)	Gaz dissous — Volume total (9)	Matières solides dissoutes (10)	Matières en suspension (11)	AZOTE PAR LITRE — de l'ammoniaque (12)	de l'acide azotique (13)	Total (14)	AZOTE COMBINÉ pour 0h.0642 — Entré (15)	Sorti (16)	pour 1h.000 — Entré (17)	Sorti (18)	ACIDE CARBO. pr 0h.0642 — Entré (19)	Sorti (20)
	.°	m. cub.	mil.	mil.	c.c	c.c	c.c	c.c	gr.	gr.	mil.	mil.	mil.	kil.	k-l.	kil.	kil.	lit.	lit.
1860																			
5 juin, entr.	18.0	117.472	1.095	4.925	3.9	5.6	12.7	22.2	0.227	1.402	0.844	1.005	1.849	0.217		2.380		459.144	»
5 juin, sort.	19.0	82.805	»	»	»	»	»	»	»	»	»	»	»	»	»	»	»	»	»
26 juin, entr.	23.0	95.086	0.387	0.790	5.3	3.0	12.1	24.5	0.193	3.152	0.730	0.842	1.672	0.149	»	2.029	»	551.209	»
26 juin, sort.	20.0	10.541	»	»	»	»	»	»	»	»	»	»	»	»	»	»	»	»	»
3 juil., entr.	18.0	70.328	0.649	4.003	6.1	2.9	12.5	21.5	0.228	1.415	0.524	0.890	1.420	0.100		1.558		489.001	
3 juil., sort.	20.5	11.278	0.309	2.866	4.3	5.1	12.4	20.8	0.206	0.475	0.379	0.641	0.970		0.011		0.171		43.495
8 juil., entr.	20.0	82.099	0.421	3.087	4.8	3.9	12.1	20.8	0.232	1.820	0.347	0.686	1.033	0.086		1.340		398.386	
8 juil., sort.	20.0	12.062	0.224	2.145	4.8	5.2	12.7	20.7	0.219	0.209	0.185	0.477	0.662		0.008		0.125		57.808
14 juil., entr.	19.0	25.141	1.032	4.872	5.0	3.3	12.5	21.3	0.233	2.370	0.850	1.087	1.933	0.145		2.259		420.790	
14 juil., sort.	20.0	20.221	0.789	3.868	6.6	3.7	11.5	21.8	0.374	1.459	0.633	0.860	1.490		0.030		0.468		133.459
21 juil., entr.	15.7	105.666	0.731	4.805	4.3	5.2	12.9	22.8	0.261	0.447	0.602	1.068	1.670	0.178		2.773		458.600	
21 juil., sort.	17.0	26.417	0.626	1.807	4.8	6.5	12.2	21.5	0.254	0.080	0.510	0.402	0.918		0.024		0.374		186.802
28 juil., entr.	15.0	73.727	0.604	6.033	4.0	5.5	12.2	21.7	0.274	0.585	0.547	1.311	1.858	0.130		2.165		205.908	
28 juil., sort.	16.0	17.082	0.480	3.711	9.5	0.0	13.6	22.1	0.309	0.040	0.379	0.825	1.204		0.016		0.249		111.197
4 août, entr.	16.0	54.753	0.850	5.252	5.9	4.1	12.8	23.8	0.298	0.959	0.700	1.167	1.867	0.102		1.589		357.506	
4 août, sort.	18.3	6.641	0.400	3.159	5.6	2.6	13.0	21.9	0.380	0.169	0.329	0.502	1.034		0.009		0.150		43.393
9 août, entr.	15.0	76.141	0.750	4.469	5.3	4.9	12.7	21.0	0.382	0.168	0.618	0.993	1.611	0.122		1.900		325.696	
9 août, sort.	16.0	15.501	0.330	2.740	4.8	3.6	12.8	21.2	0.211	0.061	0.268	0.498	0.726		0.011		0.171		74.419
17 août, entr.	20.0	93.637	0.584	3.270	5.6	5.0	12.1	21.7	0.284	0.359	0.503	1.171	1.774	0.162		2.529		524.367	
17 août, sort.	20.0	17.713	0.582	2.842	4.0	5.8	17.0	21.8	0.260	0.079	0.644	0.601	1.275		0.022		0.343		61.480
25 août, entr.	15.0	67.449	0.795	4.474	6.1	2.9	12.5	21.5	0.303	0.121	0.693	0.904	1.649	0.111		1.720		411.626	
25 août, sort.	16.0	13.382	0.583	2.063	4.6	4.3	12.6	21.6	0.298	0.010	0.580	0.458	0.938		0.012		0.187		61.557
1 sept., entr.	18.5	81.910	0.650	3.869	3.0	5.0	13.4	22.9	0.396	0.608	0.535	0.637	1.172	0.096		1.595		204.876	
1 sept., sort.	19.0	14.640	0.502	2.668	4.7	6.3	12.3	23.3	0.314	0.017	0.545	0.598	1.043		0.015		0.234		68.608
13 sept., entr.	19.0	56.236	0.454	3.033	3.3	5.3	13.0	21.5	0.269	2.377	0.374	0.674	1.048	0.059		0.919		179.933	
13 sept., sort.	20.0	7.703	0.271	0.507	5.0	3.5	4.41	22.7	0.262	0.792	0.223	0.412	0.036		0.003		0.042		36.520
Totaux et moy., entr.		1051.78			4.6	4.5			0.263	1.455			1.583	1.666		25.95		5128.20	
Totaux et moy., sort.		204.084			5.2	3.7			0.277	0.313			1.003		0.161		2.500		851.02

(*a*) Les tourilles contenant les eaux de ces deux premières colatures ont été brisées pendant le transport.

(*b*) Le total des eaux de colature 204ᵐ,084 doit être diminué des volumes des deux premières colatures (*aa*), dont *employées en 1860 sur la prairie de Taillades.*

...NIQUE DISSOUS.		OXYGÈNE DISSOUS.				MATIÈRES SOLIDES DISSOUTES.				MATIÈRES EN SUSPENSION.				OBSERVATIONS.
pr 1h,000.		pr 0h,0642		pr 1h,000.		pr 0h,0642.		pr 1h,000.		pr 0h,0642		pr 1h,00.		
Entrée.	Sortie.	Entrée.	Sortie.	Entrée.	Sortie.	Entrée.	Sortie.	Entrée.	Sortie.	Entrée.	Sortie.	Entrée.	Sortie.	
(21)	(22)	(23)	(24)	(25)	(26)	(17)	(28)	(29)	(30)	(31)	(32)	(33)	(34)	(35)
lit.	lit.	lit.	lit.	lit.	lit.	kil.	kil.	kil.	kil.	kil.	kil.	kil.	kil.	
7436.15		657.843		10346.78		26.666		415.358		164.696		2565.358		(b)
8585.85		342.170		5325.13		18.342		285.701		299.554		4665.950		(b)
0682.26	755.374	209.051	46.240	3176.84	720.25	16.025	2.323	249.766	26.184	99.514	5.857	1550.062	83.442	
6205.29	901.836	323.688	38.598	5044.57	604.71	12.255	2.642	299.022	44.153	151.055	2.521	2352.882	39.868	
6554.36	2078.801	245.985	73.818	3833.23	1165.38	17.658	5.540	275.067	86.293	171.340	28.502	2807.383	459.533	
7143.23	1975.109	554.658	118.877	8830.93	1451.67	27.840	6.710	433.843	103.517	44.479	2.272	602.819	25.089	
4593.58	1732.040	605.690	0.000	6316.48	0.000	20.200	4.029	314.637	62.757	43.130	0.523	671.809	8.140	
5884.67	753.738	294.487	92.407	3458.68	349.95	16.316	2.765	254.143	43.069	53.508	1.460	847.882	22.744	
5143.88	1459.174	374.561	55.814	5834.28	889.38	29.200	4.808	454.829	76.825	12.842	0.046	200.039	14.735	
8167.71	1209.155	468.185	74.395	7302.60	1158.80	25.503	5.086	398.645	78.910	33.618	1.325	523.814	19.860	
6408.43	958.832	195.593	57.543	3046.82	890.31	20.436	3.988	318.318	62.118	9.161	0.134	127.118	2.087	
4593.08	1071.776	483.269	92.232	7327.55	1436.63	24.245	4.597	377.648	71.804	16.318	0.249	252.647	9.879	
2803.04	600.000	298.934	27.735	4642.56	431.09	15.197	2.018	235.693	31.433	12.805	6.402	198.455	95.049	
70878.5	13255.84	4777.88	608.71	74421.80	8481.58	276.91	44.54	4313.30	693.863	1100.82	50.345	17286.97	786.127	(1)

les eaux n'ont point été analysées, pour avoir le nombre
par lequel on a divisé les totaux des colonnes (16), (20),
(24), 28 et (32) pour obtenir les moyennes de sortie inscrites au bas des colonnes (6), (7), (10), (11) et (14).

Il résulte des chiffres de ce tableau que l'eau, en passant sur le pré, s'appauvrit toujours en ammoniaque et en acide azotique. Elle contient en moyenne par litre, à son entrée sur la pièce, $1^{millig},583$ d'azote par litre, provenant de ces deux composés ; pendant son passage sur la pièce, elle en abandonne en moyenne $0^{millig},581$ par litre, puisque les eaux de colature n'en contiennent plus que $1^{millig},002$ par litre.

Le poids de l'azote apporté par l'eau d'arrosage dans l'expérience qui nous occupe est de $1^k,666 - 0^k,161 = 1^k,505$ pour une surface de $0^{hect},0642$ soit $23^k,442$ pour 1 hectare.

Le fumier employé a fourni $7^k,825$ d'azote à la parcelle considérée, qui, ajouté à l'azote de l'eau, $1^k,505$, forme un total de $9^k,330$. Le foin produit contenait $11^k,835$ d'azote, c'est-à-dire $2^k,505$ de plus que l'azote fourni par le cultivateur.

La différence a dû être prélevée en partie sur la fertilité accumulée des années précédentes, où les arrosages ont été environ moitié plus nombreux et en partie par les eaux météoriques et la nitrification du sol. Quoi qu'il en soit, les faits observés, ramenés à 1 hectare, donnent :

	kil.
Azote apporté par l'eau d'irrigation	23,442
Azote de la fumure	121,884
	145,326
Azote du foin	184,345
Différence en moins	39,019

Ainsi, dans ces conditions, l'eau ne fournit qu'une faible partie de l'azote de la récolte.

Les cendres du foin produit s'élèvent par hectare à $1197^k,819$. Les matières solubles apportées par les eaux et fixées dans le sol s'élèvent à $4313^k,302 - 693^k,863 = 3619^k,439$, et les matières solides en suspension à $17286^k,978 - 784^k,127 = 16502^k,851$. Ainsi, le champ reçoit beaucoup plus de matières minérales qu'il n'en exporte. Une analyse très-détaillée des cendres pourrait indiquer si elles n'emportent pas quelque matière que ne restituent pas les composés minéraux des eaux. Il est très-probable qu'il n'en est pas ainsi. Nous ne nous arrêterons pas à cette question, qui s'écarte du programme que nous nous sommes tracé.

Si l'on considère les modifications apportées aux matières solides solubles pendant le passage du liquide sur le champ, on voit que l'eau renferme à l'entrée par litre, en moyenne, $0^{gr},263$ de matières solides et $0^{gr},277$ à la sortie. Mais si l'on se reporte au tableau n° 15, on voit que cette différence est principalement produite par les matières organiques plus ou moins altérées que l'eau de sortie renferme en assez grande proportion, et en partie aussi à la concentration que cette eau éprouve en passant en couche mince sur un sol échauffé et sous un climat très-chaud.

Les gaz dissous dans l'eau jouent évidemment un rôle considérable dans les phénomènes de l'irrigation. Mais cette action est éminemment complexe. Une partie de l'acide carbonique dissous se dégage pendant que l'eau s'écoule à la surface du sol, et se trouve en grande partie décomposé par les feuilles sous l'action de la lumière. Une autre partie est absorbée sans doute par la terre poreuse. Mais d'un autre côté l'eau déplace l'air confiné dans le sol depuis l'arrosage précédent, air ordinairement très-chargé d'acide carbonique, et doit dissoudre et entraîner une partie de ce gaz. On comprend que, suivant les circonstances, l'un de ces effets peut l'emporter sur les autres, et qu'il est impossible d'annoncer à l'avance si l'eau, dans son passage sur un champ, gagnera ou perdra de l'acide carbonique. Dans l'expérience actuelle, l'eau entrant sur le champ contenait en moyenne par litre $4^{c.c},875$ d'acide carbonique, et elle en renfermait en sortant $5^{c.c},297$. Cette observation n'est pas isolée et se reproduira dans les chapitres suivants.

La proportion d'oxygène dissous dans l'eau est également modifiée par son passage sur le champ. On voit que le litre d'eau qui contient en entrant $4^{c.c},542$ d'oxygène par litre n'en contient plus que $3^{c.c},788$ à sa sortie.

Ainsi, pendant le passage de l'eau sur la prairie, l'acide

carbonique dissous dans l'eau augmente et l'oxygène diminue. Soit que cet oxygène se fixe dans la terre et réagisse ultérieurement, soit que l'énergie que lui donne son état de dissolution s'exerce immédiatement, on peut dire que l'irrigation détermine une véritable combustion lente dans le sol, qui n'est certainement pas l'une des causes les moins efficaces de son action fertilisante.

Par un rapprochement remarquable, l'irrigation agit donc, jusqu'à un certain point, à la façon du drainage, dont l'un des principaux avantages est d'activer l'aération du sol et les phénomènes de combustion qui sont un puissant élément de fertilité.

Toujours fertile, la terre arrosée respire l'oxygène de l'eau qui la baigne, comme la terre drainée respire celui de l'air que les tuyaux appellent dans son sein.

CHAPITRE III

Sol arable. — Le sol de la luzernière sur laquelle ont porté les expériences qui font l'objet de ce chapitre ressemble assez à celui de la prairie dont on a déjà parlé. L'essai d'un échantillon de cette terre a donné les résultats suivants :

1° *Constitution physique.*

Sable fin de moins de $0^m,0005$ de diamètre..........	53.8
Sable gros de $0^m,0005$ à $0^m,003$ de diamètre........	7.6
Cailloux de plus de $0^m,003$ de diamètre	11.8
Débris organiques non décomposés................	0.1
Parties ténues entraînées par l'eau................	23.2
Eau..	3.5
	100.0

2° *Composition chimique après grillage.*

Résidu insoluble dans les acides....................	71.5
Alumine et peroxyde de fer solubles dans les acides..	2.6
Chaux......................................	13.3
Acide carbonique, eau combinée et produits non dosés	12.6
	100.0

Azote pour 100 .... 0.161

Fumure. — On a répandu comme fumure sur cette luzerne des balayures de cour contenant, au moment de l'emploi :

Eau perdue à l'étuve	6.7
Matières combustibles	4.6
Cendres..................................	88.7
	100.0
Azote pour 100 ; 1er essai	0.159
Idem 2e essai	0.169
Moyenne..............................	0.164

Il a été employé 6000 kilogrammes de ce produit, qui a fourni, par conséquent, à la luzerne $9^k,84$ d'azote pour une surface de $0^h,0930$ soit $105^k,806$ par hectare.

Récolte. — Les différentes coupes ont donné les résultats suivants :

1re coupe ; 20 mai.............................	395 kil.
2e coupe ; 29 juin...........................	309
3e coupe ; 3 août	398
4° coupe ; 8 septembre	450
5e coupe ; 21 octobre........................	395
Total.......	1,947

ou bien par hectare $\dfrac{1947^k}{0.093} = 20,935^k,483.$

Au moment où elles ont été rentrées et pesées, ces diverses parties de la récolte présentaient la composition indiquée dans le tableau suivant :

TABLEAU Nº 17. — *Composition de la récolte de luzerne obtenue à Taillades.*

	1re COUPE			2e COUPE			3e COUPE			4e COUPE			5e COUPE			TOTAUX	
	sur 100	sur le produit de		sur 100	sur le produit de		sur 100	sur le produit de		sur 100	sur le produit de		sur 100	sur le produit de		sur le produit de	
		h. 0.0930	h. 1.0000		h. 0.0930	h. 1.0000		h. 0.0930	h. 1.0000		h. 0.0930	h. 1.0000		h. 0.0930	h. 1.0000	h. 0.0930	h. 1.0000
		k.	k.		k.	k.		k.	k.		k.	k.		k.	k.	k.	k.
Eau . . .	17.7	69.915	751.774	16.4	50.676	544.903	20.0	79.600	855.914	16.8	75.600	812.903	20.8	82.160	883.441	357.951	3848.935
Matières combustibles.	72.0	284.400	3058.065	74.9	231.441	2488.612	73.0	290.540	3124.086	71.8	323.100	3474.193	70.2	277.290	2981.613	1406.771	15126.569
Cendres .	10.3	40.685	437.473	8.7	26.883	289.065	7.0	27.860	299.570	11.4	51.300	551.613	9.0	35.550	382.258	182.278	1959.979
	100.0	395.000	4247.312	100.0	309.000	3322.580	100.0	398.000	4279.570	100.0	450.000	4838.709	100.0	395.000	4247.312	1947.000	20935.483
Azote p.% 1er dosage.	1.590	»	»	2.240	»	»	1.904	»	»	2.750	»	»	1.770	»	»	»	»
2e idem ..	1.590	»	»	2.306	»	»	1.858	»	»	2.750	»	»	1.758	»	»	»	»
Moyennes.	1.590	6.280	67.527	2.273	7.024	75.527	1.881	7.486	80.494	2.750	12.375	133.064	1.764	6.963	74.925	40.133	431.537

Composition de l'eau. — L'analyse minérale des eaux n'a pas été faite séparément sur chaque échantillon ; comme dans l'expérience précédente, on a réuni les eaux par groupes provenant d'arrosages peu éloignés : on a formé ainsi le tableau suivant n° 18.

TABLEAU N° 18. — *Composition des matières dissoutes dans les eaux d'arrosage de la luzerne de Taillades.*

	MÉLANGE DES EAUX D'ENTRÉE DES			MÉLANGE DES EAUX DE SORTIE DES		
	1er et 5 juill. 1860.	14, 1 et 28 juillet, 9 août 1860.	17 et 25 août 1860, 1er et 13 septre 1860.	5 juillet 1860.	15, 21 et 28 juillet, 9 août 1860.	17 et 25 août 1860, 1er et 13 septre 1860.
	g.	g.	g.	g.	g.	g.
Résidu insoluble dans les acides	0.005	0.028	0.026	0.007	0.023	0.037
Alumine et peroxyde de fer.	0.001	0.001	0.002	0.001	0.003	0.009
Chaux	0.078	0.067	0:082	0.076	0.071	0.072
Magnésie	0.008	0.002	0.001	0.006	0.002	0.001
Alcalis	0.022	0.027	0.030	0.028	0.036	0.035
Chlore	0.002	0.007	0.011	0.005	0.009	0.011
Acide sulfurique	0.057	0.064	0.065	0.068	0.072	0.072
Perte par grillage	0.013	0.015	0.029	0.009	0.013	0.026
Acide carbonique et produits non dosés.	0.049	0.044	0.068	0.054	0.031	0 030
Poids total par litre du résidu de l'évaporation des eaux mélangées.	0.235	0.255	0.314	0.254	0.260	0.293

Les prises d'eau ont été faites, comme on l'a expliqué pour l'expérience précédente. Les résultats des analyses de ces eaux sont réunies dans le tableau suivant n° 19. La disposition de ce tableau est semblable à celle du n° 16. On a reproduit dans les colonnes 1, 2 et 3 les chiffres consignés dans les tableaux 3 et 4 de la première partie, pages 28 à 31. Dans les colonnes 4 à 11, on a réuni les résultats des expériences analytiques. Les colonnes 12 et 13 se déduisent des colonnes 4 et 5 par un simple calcul d'équivalents.

Les colonnes 15-16, 19-20, 23-24, 27-28 et 31-32 s'obtiennent en multipliant les nombres de la colonne 3 par les chiffres correspondants des colonnes 14, 6, 7, 10 et 11.

Enfin les colonnes 17-18, 21-22, 25-26, 29-30 et 33-34 se calculent en divisant par $0^h,0930$ les chiffres des colonnes 15-16, 19-20.... et 31-32.

TABLEAU N° 19. — *Matières apportées et entraînées par les eaux d'irrigation*

DATES des arrosages et désignation des échantillons.	Température de l'eau colon. (3) et (4) du tableau 3.	Volumes par arrosage pour 0,093 colon. (6) et (7) du tableau 4.	COMPOSITION PAR LITRE — Ammoniaque.	Acide azotique monohydraté.	Gaz dissous — Acide carbon.	Oxygène.	Azote.	Volume total.	Matières solides dissoutes.	Matières en suspension.	AZOTE PAR LITRE — de l'ammoniaque.	de l'acide azotique.	Total.	AZOTE COMBINÉ pour 0h.0930 — Entré.	Sorti.	pour 1h.0000 — Entré.	Sorti.	ACIDE CARBONIQUE dissous pr 0h.0930 — Entré.	Sorti.
(1)	(2)	(3)	(4)	(5)	(6)	(7)	(8)	(9)	(10)	(11)	(12)	(13)	(14)	(15)	(16)	(17)	(18)	(19)	(20)
1860	o	m. cub.	mil.	mil.	c. c	c. c	c. c	c. c	gr.	gr.	mil.	mil.	mil.	kil.	kil.	kil.	kil.	lit.	lit.
5 juin, entr.	17.0	414.649	1.118	3.965	»	»	»	»	0.225	0.687	0.921	0.881	1.802	0.747	»	8.032	»	»	»
5 juin, sort.	»	»	»	»	»	»	»	»	»	»	»	»	»	»	»	»	»	»	»
1 juil. entr.	18.0	226.165	0.418	4.565	4.0	3.5	12.1	19.6	0.201	5.937	0.344	1.013	1.357	0.307	»	3.304	»	904.060	»
1 juil. sort.	»	»	»	»	»	»	»	»	»	»	»	»	»	»	»	»	»	»	»
5 juil. entr.	19.0	380.980	0.698	3.793	4.1	3.0	13.6	21.3	0.273	0.884	0.575	0.842	1.417	0.540		5.807		1562.018	
5 juil. sort.	23.0	36.699	0.548	1.540	4.9	3.1	12.7	20.7	0.255	0.368	0.451	0.342	0.793		0.029		0.312		179.825
14 juil. entr.	19.5	275.796	0.943	3.518	4.7	4.6	12.2	21.5	0.223	1.157	0.776	0.781	1.557	0.585		6.290		1766.241	
14 juil. sort.	23.0	24.039	0.744	2.744	5.5	2.8	12.5	20.8	0.226	0.522	0.613	0.609	1.222		0.029		0.312		132.215
21 juil. entr.	17.5	349.971	0.835	3.873	3.6	5.2	12.0	20.8	0.236	0.281	0.587	0.860	1.547	0.495		5.323		1451.896	
21 juil. sort.	20.5	32.751	0.679	1.807	3.7	5.2	12.4	21.3	0.234	0.175	0.559	0.401	0.960		0.031		0.333		121.179
28 juil. entr.	16.0	287.660	0.669	6.185	4.4	5.8	13.1	23.3	0.277	0.403	0.551	1.373	1.924	0.553		5.946		1265.704	
28 juil. sort.	17.7	44.650	0.511	3.581	4.9	5.4	12.8	23.1	0.289	0.320	0.421	0.795	1.216		0.018		0.103		71.785
9 août. entr.	15.0	319.971	0.509	3 340	3.9	5.4	12.6	21.9	0.295	0.270	0.410	0.744	1.160	0.371		3.989		1247.887	
9 août. sort.	19.0	17.223	0.305	2.970	4.5	4.2	12.6	21.3	0.292	0.146	0.254	0.659	6.910		0.016		0.172		77.503
17 août entr.	20.0	346.636	0.780	4.504	4.4	5.1	12.7	22.2	0.275	0.273	0.642	1.000	1.642	0.569		6.116		1525.198	
17 août sort.	20.0	25.590	0.636	3.382	5.8	4.0	11.4	22.1	0.296	0.127	0.523	0.751	1.274		0.033		0.355		148.422
25 août. entr.	15.5	349.971	0.848	4.957	5.0	3.7	12.6	22.2	0.292	0.124	0.698	1.100	1.798	0.575		6.183		1887.829	
25 août. sort.	17.5	17.155	0.689	2.800	4.3	3.6	14.1	22.0	0.308	0.096	0.567	0.622	1.189		0.020		0.245		73.767
1 sept., entr.	18.5	264.155	0.596	3.454	4.1	5.4	13.9	23.4	0.277	0.063	0.491	0.767	1.258	0.332		3.570		1083.036	
1 sept., sort.	19.0	12.140	0.542	2.191	5.4	5.3	12.6	23.3	0.294	0.053	0.446	0.486	0.932		0.011		0.118		65.556
13 sept., entr.	19.0	274.254	0.568	2.813	3.7	5.7	13.0	22.4	0.263	2.370	0.468	0.624	1.092	0.299		3.215		1014.740	
13 sept., sort.	20.0	5.862	0.470	1.350	4.3	3.8	13.2	21.3	0.256	1.582	0.140	0.300	0.440		0.003		0.032		25.207
Totaux et moy.. entr.		3530.20			4.3	4.8			0.258	0.980			1.522	5.373		57.77		13409.20	
Totaux et moy.. sort.		186.109			4.8	4.2			0.266	0.292			1.021		0.190		2.042		895.459

Il résulte des chiffres de ce tableau, comme de ceux du tableau n° 16, que l'eau en passant sur la luzerne s'appauvrit toujours en ammoniaque et en acide azotique. Elle contient en effet, en moyenne à son entrée sur la pièce, $1^{mill},522$ d'azote par litre provenant de ces deux composés. Pendant son passage sur la pièce elle en abandonne, en moyenne, $0^{mill},501$, puisque les eaux de colature n'en renferment plus que $1^{mill},021$ par litre en moyenne.

employées en 1860 sur la luzerne de Taillades.

ACIDE CARBONIQUE dissous.		OXYGÈNE DISSOUS.				MATIÈRES SOLIDES DISSOUTES.				MATIÈRES EN SUSPENSION.				OBSERVATIONS.
pr 1h.000.		pr 0h.0930		pr 1h.0000.		pr 0h.0930.		pr 1h.0000.		pr 0h.0930		pr 1h.0000		
Entré.	Sorti.	Entré.	Sorti.	Entré.	Sorti.	Entrées.	Sorties.	Entrées.	Sorties.	Entrées.	Sorties.	Entrées.	Sorties.	
(21)	(22)	(23)	(24)	(25)	(26)	(27)	(28)	(29)	(30)	(31)	(32)	(33)	(34)	
lit.	lit.	lit.	lit.	lit.	lit.	kil.	kil.	kil.	kil.	kil.	kil.	kil.	kil.	
						93.295		1003.483		284.864		3063.054		
9727.527	»	791.578	»	8511.501	»	45.459	»	488.806	»	1342.742	»	14438.086	»	
16795.892	1933.602	1371.528	113.767	14747.613	1223.301	104.007	9.358	1118.355	100.024	336.786	13.505	3621.355	145.215	
18991.839	1421.586	1728.682	67.310	18587.763	723.784	83.803	5.433	901.107	58.419	434.796	12.548	4675.226	134.925	
12385.978	1303.000	1663.849	170.305	17890.849	1831.237	75.543	7.565	811.968	81.344	89.012	5.731	966.798	61.624	
13609.720	771.882	1668.428	79.110	17940.086	850.645	79.682	4.234	855.796	45.527	115.927	4.688	1246.527	50.409	
13418.140	833.365	1727.843	72.337	18578.957	777.817	94.391	5.029	1014.957	54.075	86.392	2.515	928.046	27.043	
16399.978	1595.935	1707.844	125.391	19000.075	1348.290	95.325	7.575	1025.000	81.452	94.632	3.250	1017.548	34.046	
20299.236	793.104	1183.893	61.758	12730.032	664.063	93.431	5.284	1004.634	56.817	39.676	1.047	420.623	17.710	
11645.548	704.903	1426.437	64.342	15338.032	691.849	73.171	3.560	786.784	28.376	10.642	0.643	178.046	6.014	
10911.182	271.043	1503.248	22.275	16800.118	230.527	72.129	1.501	775.581	16.140	649.082	0.860	6989.054	106.022	
144185.04	9628.590	14893.31	775.596	180143.11	8350.495	910.207	49.54	9787.171	532.774	3492.351	54.387	37552.161	584.808	

Le poids de l'azote assimilable apporté par l'eau d'arrosage dans l'expérience qui nous occupe est de $5^k,373 - 0^k,490 = 5^k,183$ pour une surface de $0^h,093$, soit $55^h,731$ pour un hectare.

Le fumier employé a fourni $9^k,84$ d'azote à la parcelle considérée, qui ajouté à l'azote de l'eau, forme un total de $15^k,023$. La récolte contenait $40^k,133$ d'azote, c'est-à-dire $25^k,110$ de plus que l'azote donné à la pièce par le propriétaire.

Les faits observés et consignés dans ce qui précède, ramenés à l'étendue normale d'un hectare, conduisent aux chiffres ci-dessous :

	kil.
Azote apporté par l'eau d'irrigation	55.731
Azote de la fumure...........................	105.806
	164.537
Azote du foin	431.537
Différence en plus	270.000

Les autres chiffres du tableau donnent lieu à des remarques analogues à celles qui ont été faites à la fin du chapitre précédent et sur lesquelles il est inutile de revenir ici.

CHAPITRE IV

Sol arable. — Le sol du carré de jardin où ont été faites les expériences que l'on va rapporter est léger et de bonne qualité. L'essai d'un échantillon de cette terre a donné les résultats suivants :

1° *Constitution physique.*

Sable fin de moins de $0^m,0005$ de diamètre	39.5
Sable gros de $0^m,0005$ à $0^m,003$ de diamètre	2.9
Cailloux de plus de $0^m,003$ de diamètre	13.5
Débris organiques non décomposés	0.1
Parties ténues entraînées par l'eau	41.7
Eau	2.3
	100.0

2° *Composition chimique après grillage.*

Résidu insoluble dans les acides	68.3
Alumine et peroxide de fer solubles dans les acides	4.2
Chaux	14.6
Acide carbonique, eau combinée et produits non dosés	12.9
	100.0

Azote pour 100 . . . . 0.160

Fumure. — La parcelle de jardin dont il s'agit a reçu, comme engrais, un fumier contenant au moment de l'emploi :

Eau perdue à l'étuve	30.5
Matières combustibles	16.1
Cendres	53.4
	100.0

Azote pour 100 . . . . 0.45

Il a été employé 300 kilogrammes de ce produit, qui ont fourni, par conséquent, à la parcelle 1^k,35 d'azote, pour une surface de 0^h,0154, soit 87^k,662 par hectare.

Récolte. — La récolte obtenue se composait de la manière suivante :

	kil.
Graines de haricots	39.0
Cosses et tiges	38.5

Ces différents produits présentaient la composition suivante :

TABLEAU N° 20. — *Composition de la récolte de haricots obtenue à Taillades.*

	HARICOTS			TIGES ET COSSES			TOTAUX	
	sur	sur le produit de		sur	sur le produit de		sur le produit de	
	1.000	0h.0154	1 hect.	1.000	0h.0154	1 hect.	0h.0154	1 hect.
Eau	0.175	6.825	443.182	0.195	7.507	487.467	14.332	930.649
Matières combustibles	0.790	30.810	2000.649	0.737	28.375	1842.533	59.185	3843.182
Cendres	0.035	1.365	88.636	0.068	2.618	170.000	3.983	258.636
	1.000	39.000	2582.467	1.000	38.500	2500.000	77.500	5032.467
Azote p. 100 1er dosage	3.266			0.796				
— 2e id.	3.352			0.813				
— moyenne	3.309	1.291	83.831	0.804	0.310	20.130	1.601	103.961

Composition de l'eau. — L'analyse des eaux a été faite en formant deux groupes d'eaux. Les résultats de ces analyses sont réunis dans le tableau suivant n° 21 :

Tableau n° 21. — Composition des matières dissoutes dans les eaux d'arrosages des haricots de Taillades.

	MÉLANGES DES EAUX DES	
	27 juin 1860. 5 juillet 1860.	21 juillet 1860. 28 juillet 1860
	g.	g.
Résidu insoluble dans les acides.	0.005	0.005
Alumine et peroxyde de fer	0.001	0.002
Chaux	0.071	0.075
Magnésie.	0.007	0.007
Alcalis	0.019	0.026
Chlore.	0.005	0.009
Acide sulfurique.	0.053	0.075
Perte par grillage	0.013	0.033
Acide carbonique et produits non dosés	0.046	0.033
Poids total par litre du résidu de l'évaporation des eaux mélangées.	0.220	0.265

Les prises d'eau ont été faites au milieu de chaque arrosage. Les résultats des analyses de ces eaux sont réunis
dans le tableau suivant n° 22, dont la disposition ne diffère
de celle des tableaux 16 et 19 que par les simplifications
résultant de l'absence d'eaux de colature.

TABLEAU Nº 22. *Matières apportées par les eaux d'irri-*

DATES des arrosages et DÉSIGNATION des échantilons.	Température de l'eau Colonne (3) du tableau nº 5.	Volumes par arrosage pour 0ʰ.0154. Colonne (4) du tableau nº 6.	COMPOSITION PAR LITRE.									AZOTE PAR LITRE.		
			Ammoniaque.	Acide azotique monohydraté.	Acide carbonique.	Oxygène.	Azote.	Volume total.	Matières solides dissoutes.	Matières en suspension.		de l'ammoniaque.	de l'acide azotique.	Total.
	°	m. c.	mill.	mill.	cc.	cc.	cc.	cc.	g.	g.		mill.	mill.	mill.
20 mai 1860, entrée	15.0	12.289	1.025	3.335	8.3	3.6	14.0	25.9	0.224	2.078		0.844	0.741	1.585
27 juin id.	23.0	40.155	1.063	4.885	5.9	3.9	11.9	21.7	0.207	2.457		0.875	1.085	1.960
5 juillet id.	20.0	8.451	0.683	4.520	5.6	4.4	12.5	22.5	0.256	0.931		0.562	1.004	1.566
14 id. id.	21.0	6.592	0.794	3.324	5.9	4.1	12.0	22.0	0.275	2.256		0.654	0.739	1.393
21 id. id.	18.5	6.728	0.499	5.359	3 6	5.5	12.0	21.1	0.219	0.314		0.411	1.191	1.602
28 id. id.	17.0	4.720	0.835	5.529	6.5	5.4	12.8	24.7	0.223	0.502		0.688	1.228	1.916
Totaux et moyennes . . .		78.935			6.1	4.1			0.222	1.918				1.778

Ce tableau donne lieu à peu d'observations. Le poids de l'azote fourni par l'ammoniaque et l'acide azotique apportés par l'eau d'arrosage est seulement de $0^k,140$ pour une surface de $0^h,0154$, soit $9^k,090$ par hectare.

Le fumier employé a fourni $1^k,350$ d'azote à la parcelle considérée, qui ajouté à l'azote de l'eau forme un total de $1,490$. La récolte contenait $1^k,601$ de ce corps.

Les chiffres précédents ramenés à 1 hectare donnent :

gation employées en 1860, sur les haricots de Taillades.

AZOTE COMBINÉ pour		ACIDE CARBONIQUE dissous pour		OXYGÈNE dissous pour		MATIÈRES SOLIDES dissoutes pour		MATIÈRES en suspension pour		OBSERVATIONS.
h. 0.0154	h. 1.000	h. 0.0154	h. 1.000	h. 0.0154	h. 1.000	h. 0.0154	h. 1.000	h. 0.0154	h. 1.0000	
k.	k.	lit.	lit.	lit.	lit.	k.	k.	k.	k.	
0.019	1.234	101.999	6623.312	44.240	2872.727	2.753	178.766	25.536	1658.182	
0.079	5.130	236.914	15384.026	156.604	10169.091	8.312	539.740	98.661	6406.558	
0.013	0.844	47.326	3073.117	37.184	2414.545	2.163	140.455	7.868	510.909	
0.009	0.584	38.893	2525.519	27.027	1755.000	1.813	117.727	14.871	965.649	
0.011	0.714	24.221	1572.792	37.004	2402.857	1.473	95.649	2.113	137.208	
0.009	0.584	30.680	1992.208	25.488	1655.065	1.053	68.377	2.369	153.831	
0.140	9.090	480.033	31170.974	327.547	21269.285	17.567	1140.714	151.418	9832.337	

                                                   kil.

Azote apportée par l'eau d'irrigation.................... 9.090

Azote de la fumure.................................... 87.662

                                                          96.752

Azote de la graine 83.831

Azote des cosses et des tiges...................... 20.130

                        Ensemble.................... 103.961

Différence en moins.............................. 7.209

Les autres chiffres du tableau ne donnent lieu à aucune remarque particulière.

CHAPITRE V

Sol arable. — Le sol de cette prairie est de bonne qualité et de consistance moyenne. L'essai d'un échantillon de cette terre a donné :

1° *Constitution physique.*

Sable fin de moins de 0ᵐ,0005 de diamètre.......... 17.2
Sable gros de 0ᵐ,0005 à 0ᵐ,003 de diamètre 4.9
Cailloux de plus de 0ᵐ,003 de diamètre............. 2.1
Débris organiques non décomposés................. 0.5
Parties ténues entraînées par l'eau................. 62.3
Eau 13.0
                                                    ————
                                                    100.0

2° *Composition chimique après grillage.*

Résidu insoluble dans les acides 32.5
Alumine et peroxyde de fer solubles 6.7
Chaux.. 30.1
Acide carbonique, eau combinée et produits non dosés. 30.7
                                                    ————
                                                    100.0

Azote pour 100 0,178

Fumure. — Cette prairie a reçu 1,000 kilog. de fumier très-riche provenant d'une écurie d'auberge, contenant, au moment de l'emploi :

Eau perdue à l'étuve 36.2
Matières combustibles 42.8
Cendres 21.0
                                                ————
                                                100.0

Azote pour 100; 1ᵉʳ essai.................. 1,319
   Idem   2ᵉ essai.................. 1,319

     Moyenne................... 1,319

Cette fumure a donc apporté à la prairie $13^k,19$ d'azote pour une surface de $0^h,0944$, soit $139^k,724$ pour 1 hectare.

Récolte. — Cette prairie a donné en 1860 :

	kil. de foin.
1re coupe, le 4 juin	535
2e coupe, le 29 juillet	440
3e coupe, le 5 octobre.	296
	1271

Ou bien par hectare 13,464 kilogr.

Au moment où ils ont été rentrés et pesés, ces foins présentaient la composition indiquée dans le tableau suivant :

TABLEAU Nº 23. — *Composition de la récolte de la prairie de l'Isle.*

	1re COUPE.			2e COUPE.			3e COUPE.			TOTAUX	
	sur 100.	sur le produit de $0^h.0944$	sur le produit de $1^h.0000$	sur 100.	sur le produit de $0^h.0944$	sur le produit de $1^h.0000$	sur 100.	sur le produit de $0^h.0944$	sur le produit de $1^h.0000$	sur le produit de $0^h.0944$	sur le produit de $1^h.0000$
		k.	k.		k.	k.		k.	k.	k.	k.
Eau.	15.9	85.065	901.112	20.1	88.440	936.865	16.1	47.656	504.830	221.161	2342.807
Matières combustibles.	74.4	398.040	4216.526	71.8	315.920	3346.610	75.6	223.776	2370.509	937.736	9933.645
Cendres.	9.7	51.895	549.735	8.1	35.640	377.542	8.3	24.568	260.254	112.103	1187.531
	100.0	535.000	5667.373	100.0	440.000	4661.017	100.0	296.000	3135.593	1271.000	13463.983
Azote 1er dosage ..	1.022	»	»	1.286	»	»	1.491	»	»	»	»
— 2º dosage ..	1.064	»	»	1.272	»	»	1.512	»	»	»	»
Moyenne	1.043	5.580	59.110	1.279	5.628	59.648	1.503	4.449	47.129	15.657	165.857

Composition de l'eau. — L'analyse des eaux au point de vue minéral a porté sur le mélange des échantillons d'eaux puisées à l'entrée les 2 et 16 juillet, 8 et 22 août 1860, et sur le mélange des échantillons des eaux de colature recueillies les 16 juillet et 8 août. Le tableau n° 24 renferme les résultats de ces analyses :

TABLEAU N° 24. — *Composition des matières dissoutes dans les eaux d'arrosage de la prairie de l'Isle.*

	MÉLANGES DES EAUX	
	d'entrée des 2 et 16 juillet, 8 et 22 août 1860.	de sortie des 16 juillet, 8 août 1860.
	g.	g.
Résidu insoluble dans les acides.	0.010	0.030
Alumine et peroxyde de fer.	0.005	0.011
Chaux.	0.090	0.123
Magnésie.	0.001	0.001
Alcalis.	0.007	0.010
Chlore.	0.002	0.003
Acide sulfurique	0.016	0.038
Perte par grillage	0.008	0.022
Acide carbonique et produits non dosés	0.072	0.077
	0.211	0.310

Les analyses des eaux recueillies et examinées comme on l'a déjà indiqué, ont donné les résultats consignés dans le tableau suivant n° 25. La disposition de ce tableau ne diffère des précédents qu'en ce que l'eau étant à peu près claire on ne l'a pas filtrée avant de l'évaporer, de sorte que les petites quantités de matières solides en suspension sont confondues avec les matières dissoutes. Ce qui explique les variations un peu fortes que l'on remarque d'un échantillon à l'autre entre les poids par litre des matières solides dissoutes.

Le sol de la prairie de l'Isle présente une faible inclinaison. D'un autre côté le débit moyen de la roue à pots qui élève l'eau est peu considérable. Il résulte de cette double circonstance que l'eau disparaît entièrement dans le sol quand il est sec, et n'arrive jamais qu'en petite quantité à la rigole d'écoulement. Sur cinq arrosages, deux seulement ont donné des eaux de colature. Il eut été désirable d'avoir autant d'échantillons pris à l'entrée qu'à la sortie de l'eau. Mais, on l'a déjà dit, il est fort difficile de réunir en pratique toutes les conditions favorables aux recherches expérimentales, et l'on doit se contenter des parcelles qui réunissent un certain nombre d'avantages.

TABLEAU Nº 25. — *Matières apportées et entraînées par les eaux d'ir-*

DATES des arrosages et désignation des échantillons.		Température de l'eau colon. (3) et (4) du tableau 7.	Volumes par arrosage pour 0ʰ,0944 colon. (6) et (7) du tableau 8.	COMPOSITION PAR LITRE							AZOTE PAR LITRE			AZOTE COMBINÉ			
				Ammoniaque.	Acide azotique monohydraté.	Gaz dissous				Matières solides dissoutes.	de l'ammoniaque.	de l'acide azotique.	Total.	pour 0ʰ.0044		pour 1ʰ.0000	
						Acide carbon.	Oxygène.	Azote.	Volume total.					Entré.	Sorti.	Entré.	Sorti.
		°	m. cub.	mil.	mil.	c. c	c. c	c. c	c. c	gr.	mil.	mil.	mil.	kil.	kil.	kil.	kil.
1860																	
2 juillet.	Entrée.	17.0	172,038	0.084	3.269	10.2	5.5	14.2	29.9	0.184	0.563	0.726	1.289	0.223	»	2.362	»
	Sortie.	»	»	»	»	»	»	»	»	»	»	»	»	»	»	»	»
6 juillet.	Entrée.	16.0	68.080	0.962	5.930	11.4	5.6	12.5	29.5	0.213	0.792	1.320	2.112	0.144	»	1.525	»
	Sortie.	»	»	»	»	»	»	»	»	»	»	»	»	»	»	»	»
10 juillet.	Entrée.	17.0	107.899	0.679	5.249	9.6	5.7	13.4	28.7	0.219	0.550	1.166	1.725	0.180	»	1.970	»
	Sortie.	19.5	15.017	0.835	3.131	10.8	2.7	13.1	25.6	0.272	0.688	0.696	1.384	»	0.022	»	0.233
8 août..	Entrée.	14.7	104.436	0.750	5.071	14.1	6.3	13.0	33.4	0.224	0.618	1.127	1.745	0.182	»	1.928	»
	Sortie.	16.7	15.192	0.600	3.793	16.6	0.7	14.5	31.8	0.350	0.494	0.843	1.337	»	0.020	»	0.212
22 août..	Entrée.	14.0	58.623	0.530	3.072	13.1	5.6	13.3	32.0	0.244	0.437	0.816	1.253	0.074	»	0.752	»
	Sortie.	»	»	»	»	»	»	»	»	»	»	»	»	»	»	»	»
Totaux et moyennes.	Entrée.		509.976			11.3	5.7			0.210			1.580	0.806		8.537	
	Sortie.		30.809			13.6	1.7			0.310			1.363		0.042		0.445

Les eaux de la Sorgue sont beaucoup moins estimées par les cultivateurs de Vaucluse que celles des canaux dérivés de la Durance. On attribue souvent cette différence aux limons fertilisants que charrie presque toujours la Durance, mais ce fait ne suffit pas seul pour expliquer la différence de valeur de ces deux eaux. Ayant interrogé des cultivateurs qui avaient employé des eaux de la Sorgue et des eaux de la Durance parfaitement éclaircies par le repos, il m'a toujours été répondu que l'eau de la Durance, même éclaircie, était préférable à l'eau de la Sorgue. Les chiffres du tableau précédent, indépendamment de la composition minérale, sur laquelle nous n'insistons pas ici, semblent s'accorder avec l'opinion pratique que je viens d'indiquer. En effet, les eaux des canaux de la Durance (tableau nº 16, page 78) contiennent par litre, en entrant sur le pré, 1ᵐ,583 d'azote provenant de l'ammoniaque et de l'acide azotique. Elles n'en contiennent plus que 1ᵐ,002 en sortant. Elles ont donc abandonné 36 pour 100 de leur azote. De même les eaux *rigation pendant l'année 1860 sur la prairie de l'Isle (Vaucluse).*

ACIDE CARBONIQUE DISSOUS				OXYGÈNE DISSOUS				MATIÈRES SOLIDES				OBSERVATIONS.
pr 0h.0944		pr 1h.0000.		pr 0h.0944.		pr 1h.0000.		pr 0h.0944		pr 1h.0000		
Entré.	Sorti.	Entré.	Sorti.	Entré.	Sorti.	Entré.	Sorti.	Entrées.	Sorties.	Entrées.	Sorties.	
lit.	lit.	lit.	lit.	lit.	lit.	lit.	lit.	kil.	kil.	kil.	kil.	
1763.068	»	18680.102	»	951.159	»	10075.837	»	31.821	»	337.087	»	Il n'y a pas eu de colature.
776.112	»	8221.525	»	381.248	»	4038.644	»	14.501	»	153.612	»	
1035.830	168.664	10972.775	1786.695	615.024	42.166	6515.085	446.074	23.630	4.248	250.318	45.000	
1472.548	252.187	15599.025	2671.472	657.947	10.634	6960.777	112.648	23.394	5.317	247.818	56.324	Cette eau était altérée.
741.761	»	7857.638	»	317.089	»	3358.994	»	13.816	»	146.356	»	
5790.219	420.851	61337.065	4458.167	2922.407	52.800	30958.337	559.322	107.162	9.565	1135.191	101.342	

entrent sur la luzerne (tableau n° 19, page 88) avec $1^m,522$ d'azote par litre et en sortent avec $1^m,021$ seulement. Elles abandonnent par conséquent 33 p. 100 de ce corps. Les eaux de la Sorgue, au contraire, dans des conditions aussi semblables que possible, qui ont à peu près la même richesse initiale que les précédentes, $1^m,580$ d'azote par litre, en contiennent encore $1^m,363$ à leur sortie. Elles n'abandonnent donc que 13 p. 100 de leur azote, c'est-à-dire moins de la moitié de la proportion abandonnée par les eaux des canaux de la Durance.

Quelle est la cause de cette différence? Ces eaux se rapprochent beaucoup des précédentes, si ce n'est qu'elles renferment beaucoup plus d'acide carbonique dissous. Je ne saurais affirmer que ce gaz est la cause de la différence constatée par l'expérience, mais je suis assez porté à le croire.

La qualité d'une eau ne résulte donc pas seulement de la proportion d'azote qu'elle renferme à l'état d'ammoniaque et d'acide nitrique, mais encore de la facilité plus ou

moins grande avec laquelle cet azote est fixé par la végétation. Cette aptitude d'assimilation doit dépendre de plusieurs causes, mais elle paraît diminuée par la présence
d'une trop forte proportion d'acide carbonique dissous,
comparé à la proportion d'oxygène.

Dans cette expérience, comme dans les précédentes,
l'oxygène est moins abondant dans l'eau de colature que
dans l'eau d'entrée ; mais nous n'insisterons pas sur les
chiffres obtenus, n'ayant eu dans le cas présent que deux
eaux de colature, dont l'une présentait un état sensible
d'altération.

Le poids de l'azote apporté par l'eau d'irrigation, dans
l'expérience qui nous occupe, est de $0^k,806 - 0^k,042 = 0^k,764$ pour une surface de $0^{hect},0944$.

Le fumier employé a fourni $13^k,190$ d'azote à la parcelle
considérée. Ces chiffres ramenés à l'étendue d'un hectare
deviennent :

	kil.
Azote de l'eau d'irrigation	8,092
Azote de la fumure	139,724
Ensemble	147,816
Azote du foin	165,857
Différence en plus	18,041

Les autres observations que pourrait motiver cette expérience ont été déjà faites dans les chapitres précédents.

CHAPITRE VI.

Sol arable. — Le sol de la prairie des grands moulins de Saint-Dié est léger, sableux, d'une couleur rouge assez prononcée. Pour donner une idée de la nature de cette terre, on a pris, en septembre 1860, à la partie inférieure et à la partie supérieure des planches II, VII et XIII, six échantillons, par mottes aussi régulières que possible et de $0^m,20$ d'épaisseur. Ces six échantillons ont été analysés séparément. Ces essais ont donné les résultats suivants :

	PLANCHE II.		PLANCHE VII.		PLANCHE XIII.	
	Au bas.	Au haut	Au bas.	Au haut	Au bas.	Au haut
1° *Constitution physique.*						
Sable fin de moins de $0^m,0005$ de diam.	20.5	33.7	31.4	18.4	22.8	22.5
Sable gros de $0^m,0005$ à $0^m,003$ de diam.	13.2	7.7	27.3	25.1	23.4	6.0
Cailloux de plus de $0^m,003$ de diamètre.	17.1	2.7	7.4	0.1	1.4	0.4
Parties ténues entraînées par l'eau. .	38.4	41.7	19.3	47.4	39.4	59.1
Eau perdue à l'étuve	10.8	14.2	14.6	9.0	13.0	12.0
	100.0	100.0	100.0	100.0	100.0	100.0
2° *Composition chimique.*						
Résidu argilosiliceux insoluble dans les acides faibles	87.5	85.4	89.2	83.2	84.5	80.8
Alumine et peroxyde de fer.	5.3	6.8	4.8	7.1	7.0	9.1
Chaux	0.1	0.1	0.1	0.1	0.1	traces
Perte par calcination et produits non dosés.	7.1	7.7	5.9	9.6	8.4	10.1
	100.0	100.0	100.0	100.0	100.0	100.0
Azote pour 100	0.195	0.237	0.279	0.298	0.237	0.312

Fumure. — Cette prairie n'a reçu en 1860, et ne reçoit habituellement aucune fumure.

Récolte. — La récolte a donné en 1860, pour la surface de 0^{hect},7633 :

1re coupe........................	3200 kil.
2e coupe ou regain	1640
	4840

Ce qui répond à 6340^{kil},890 par hectare.

Au moment où ils ont été rentrés et pesés, ces foins présentaient la composition indiquée dans le tableau suivant, qui contient les analyses faites sur des échantillons pris en six points différents de la prairie, pour la première coupe, et en trois points pour la deuxième.

TABLEAU N° 26. — *Composition de la récolte de la prairie de Saint-Dié (Vosges).*

	PREMIÈRE COUPE.									SECONDE COUPE.						TOTAUX	
	PLANCHES						MOYENNES.	sur le produit de		PLANCHES			MOYENNES.	sur le produit de		sur le produit de	
	II		VII		XIII					II	VII	XIII					
	au bas.	au haut.	au bas.	au haut.	au bas.	au haut.		h. 0.7633	h. 1.0000	mi-lieu.	mi-lieu.	mi-lieu.		h. 0.7633	h. 1.0000	h. 0.7633	h. 1.0000
Eau	15.9	14.9	15.9	16.3	15.9	14.8	15.62	k. 499.840	k. 654.840	13.4	13.9	14.8	14.0	k. 229.600	k. 300.800	k. 729.440	k. 955.640
Matières combustibl.	78.9	79.5	78.6	77.5	78.6	78.4	78.58	2514.560	3294.326	77.9	76.6	76.0	76.9	1261.160	1652.247	3775.720	4946.573
Cendres	5.2	5.6	5.5	6.2	5.5	6.8	5.80	185.600	243.158	8.7	9.5	9.2	9.1	149.240	195.519	334.840	438.677
	100.0	100.0	100.0	100.0	100.0	100.0	100.0	3200.000	4192.324	100.0	100.0	100.0	100.0	1640.000	2148.566	4840.000	6340.890
Azote, 1er dosage . .	0.638	0.765	0.765	0.765	1.02	0.765	»	»	»	1.640	1.645	1.920	»	»	»	»	»
Id. 2e dosage . .	0.638	0.799	0.799	0.799	1.02	0.799	»	»	»	1.655	1.645	1.944	»	»	»	»	»
Moyennes	0.638	0.782	0.782	0.782	1.02	0.782	0.798	25.536	33.455	1.647	1.645	1.932	1.741	28.552	37.460	54.088	70.861

Composition de l'eau. — L'analyse des eaux, au point de vue minéral, a été faite seulement sur trois groupes d'eaux de sortie et autant d'eaux d'entrée. Le tableau suivant contient les résultats de ces analyses.

TABLEAU N° 27. — *Composition des matières dissoutes dans les eaux d'arrosage de la prairie de Saint-Dié (Vosges).*

	MÉLANGES D'ENTRÉE DES			MÉLANGES DE SORTIE DES		
	23 nov. 1859. 2 et 10 déc. 1859. 6 et 14 janv. 1860.	3 avril 1860. 3 et 12 mai 1860.	30 juillet 1860. 1er et 2 août 1860. 7 et 11 août 1860.	29 nov. 1859. 10 déc. 1859. 6 et 14 janvier 1860.	3 avril 1860. 8 et 12 mai 1860.	30 juillet 1860. 1 et 2 août 1860. 7 et 11 août 1860.
	g.	g.	g.	g.	g.	g.
Résidu insoluble dans les acides. . .	0.006	0.007	0.014	0.009	0.005	0.011
Alumine et peroxyde de fer.	0.001	traces.	0.003	traces.	traces.	0.001
Chaux.	0.004	0.004	0.006	0.003	0.004	0.006
Magnésie	0.001	0.001	0.001	0.001	0.001	0.001
Alcalis	0.009	0.005	0.005	0.005	0.005	0.007
Chlore	0.001	0.002	0.001	0.001	0.001	0.003
Acide sulfurique.	0.005	0.005	0.005	0.004	0.003	0.006
Perte par grillage	0.005	0.006	0.007	0.006	0.004	0.006
Acide carbonique et produits non dosés	0.006	0.006	0.011	0.006	0.004	0.008
Poids total par litre du résidu de l'évaporation des eaux mélangées. . . .	0.038	0.036	0.053	0.035	0.027	0.049

Pour obtenir la moyenne exacte de la composition de l'eau à l'entrée et à la sortie de la prairie, il eût été nécessaire de prélever les échantillons deux fois au moins par vingt-quatre heures, savoir, une fois la nuit et une fois le jour. Le personnel dont je disposais ne m'a pas permis, malheureusement, de faire prendre des échantillons d'eaux la nuit. D'ailleurs je n'aurais pu suffire à exécuter les analyses d'échantillons aussi nombreux. Je me suis donc borné à prendre des échantillons pendant la durée de chaque période d'arrosage. On prélevait toujours deux échantillons à la fois, l'un à la vanne de prise d'eau (entrée), l'autre dans le canal de colature (sortie). De plus, comme vérification, on prenait chaque jour un litre d'eau à l'entrée et l'autre à la sortie et on les versait dans deux tourilles distinctes. Les mélanges ainsi obtenus devaient donner la composition moyenne des eaux. Toutefois je ne rapporterai pas les chiffres relatifs aux analyses de ces mélanges, dont quelques tourilles ont été brisées accidentellement.

Le tableau suivant, qui contient les résultats des analyses faites sur les eaux recueillies, comme on vient de l'indiquer, ne diffère pas d'ailleurs des précédents quant à sa disposition générale. Mais la première colonne n'est pas la reproduction exacte de celle du tableau n° 10, parce qu'il convenait de subdiviser chaque période en autant de parties qu'il a été prélevé d'échantillons, afin de multiplier la composition trouvée par litre par les volumes correspondants, supposés de même composition. Comme pour la Sorgue, on a évaporé l'eau sans la filtrer, parce qu'elle a presque toujours été claire. Cependant on a confondu ainsi avec les matières dissoutes quelques matières en suspension, ce qui explique les variations un peu fortes que l'on remarque entre les différents chiffres de matières dissoutes par litre.

Les moyennes inscrites au bas des colonnes 7, 8, 11 et 14 sont obtenues en divisant les totaux des colonnes 19, 20, 23, 24, 27 et 28 par les chiffres correspondants de la colonne 4.

TABLEAU N° 28. — *Matières apportées et entraînées par les eaux d'irrigation*

DATES des périodes d'arrosages. (1)	DÉSIGNATION des échantillons. (2)		Température de l'eau colonn. (3) (4) du tableau n° 9. (3)	Volume correspondant à chaque prise d'échantillon pour 0h.7633 (4)	Ammoniaque. (5)	Acide azotique monohydraté. (6)	Gaz dissous — Acide carbon. (7)	Oxygène. (8)	Azote. (9)	Volume total. (10)	Matières solides dissoutes et en suspens. (11)	de l'ammoniaque. (12)	de l'acide azotique. (13)	Total. (14)	AZOTE COMBINÉ pr 0h.7633 — Entrée. (15)	Sortie. (16)	pr 1h.0000 — Entrée. (17)	Sortie. (18)
			°	m. cub.	mil.	mil.	c.c	c.c	c.c	c.c	g.	mil.	mil.	mil.	k.	k.	k.	k.
Du 23 au 24 novembre 1859 ..	23 nov.	entr.	3.0	5840.64	0.710	3.364	2.4	7.6	21.1	31.1	0.043	0.502	0.747	1.339	7.821		10.246	
		sort.	3.0	6151.68	0.479	6.207	2.3	6.5	19.6	28.4	0.040	0.394	1.379	1.773		10.907		14.
Du 27 nov. au 4 déc. 1859.....	2 déc.	entr.	1.0	248951.88	0.681	4.704	»	»	»	»	0.041	0.561	1.045	1.608	390.817		523.801	
		sort.	1.0	245003.76	0.487	5.421	»	»	»	»	0.035	0.401	1.204	1.605		393.231		515.
Du 6 au 10 décembre 1859 ..	10 déc.	entr.	1.0	70513.92	0.418	2.775	1.1	9.8	17.5	28.2	0.039	0.344	0.617	0.961	57.764		88.775	
		sort.	1.0	57677.76	0.436	3.635	1.7	7.8	17.9	27.4	0.030	0.350	0.808	1.167		67.310		88.
Du 6 au 23 janvier 1860	6 janv.	entr.	3.5	232751.52	0.602	3.396	1.2	8.2	17.6	27.0	0.036	0.545	0.754	1.299	302.344		306.101	
		sort.	4.0	228879.20	0.883	2.346	1.7	7.9	16.4	26.0	0.035	0.727	0.521	1.248		283.145		370.
	14 janv.	entr.	1.5	198001.08	0.679	3.488	1.3	8.6	17.9	27.8	0.033	0.559	0.775	1.334	264.133		346.041	
		sort.	-2.0	177003.00	0.633	3.447	1.3	8.4	17.2	26.9	0.035	0.521	0.766	1.287		227.803		298.
Du 3 au 7 avril 1860	3 avril.	entr.	7.0	145687.68	0.520	3.858	1.1	8.0	16.3	25.4	0.025	0.511	0.857	1.368	199.301		261.104	
		sort.	8.0	144538.56	0.672	2.681	1.3	7.3	15.2	23.8	0.023	0.553	0.591	1.444		165.352		216.
Du 8 au 12 mai 1860	8 mai..	entr.	12.0	65139.84	0.580	3.169	1.5	6.2	13.3	21.0	0.031	0.478	0.704	1.182	76.995		100.871	
		sort.	12.5	60357.24	0.475	2.192	1.5	6.2	13.3	21.0	0.032	0.391	0.487	0.878		52.994		69.
	12 mai..	entr.	14.0	56574.84	0.675	3.267	1.3	5.8	12.7	19.8	0.027	0.556	0.726	1.282	72.525		95.015	
		sort.	15.0	55897.92	0.516	1.190	2.0	5.1	12.5	19.7	0.023	0.425	0.264	0.689		38.514		50.
Du 30 juillet au 2 août 1860...	30 juil..	entr.	13.0	65502.72	1.023	2.667	2.5	6.1	13.9	22.5	0.061	0.842	0.593	1.435	93.996		123.544	
		sort.	13.5	58732.56	0.716	2.487	1.5	5.3	12.2	19.0	0.058	0.590	0.553	1.143		67.131		87.
	1er août	entr.	12.0	18832.68	0.626	4.485	2.7	6.0	14.2	22.9	0.057	0.515	0.997	1.512	28.475		37.305	
		sort.	12.5	17619.84	0.637	2.937	1.9	5.4	13.1	20.4	0.046	0.524	0.653	1.177		20.738		27.
	2 août.	entr.	»	10393.50	0.863	3.169	2.7	4.8	11.7	19.2	0.047	0.711	0.704	1.415	14.707		19.268	
		sort.	»	8210.68	0.559	2.450	2.9	6.9	11.4	21.2	0.048	0.460	0.544	1.004		8.244		10.
Du 7 au 11 août 1860	7 août	entr.	15.0	39808.80	0.660	3.979	2.0	5.9	13.2	21.1	0.054	0.543	0.884	1.427	56.807		74.423	
		sort.	15.5	38823.84	0.305	2.471	1.3	5.6	13.2	20.1	0.049	0.251	0.549	0.800		31.059		40.
	11 août.	entr.	16.0	24096.96	1.222	4.344	1.3	4.6	13.0	19.8	0.049	1.006	0.965	1.971	47.495		62.223	
		sort.	17.0	23023.44	0.880	2.705	1.7	5.8	14.0	22.4	0.039	0.725	0.601	1.326		30.529		39.
Totaux et moy..		entr.		1182093.1			1.4	7.6			0.037			1.380	1632.18		2138.32	
		sort.		1119919.6			1.6	7.1			0.034			1.247		1396.95		1830

Les conditions de l'irrigation dans les Vosges ne diffèrent pas moins de celles de Vaucluse, au point de vue des réactions chimiques dont les résultats sont réunis dans le tableau précédent, que sous le rapport des volumes d'eau employés.

endant l'année 1859-60 sur la prairie de Saint-Dié (Vosges).

ACIDE CARBONIQUE DISSOUS				OXYGÈNE DISSOUS				MATIÈRES SOLIDES				OBSERVATIONS.
pour 0h.7633		pour 1h.0000		pour 0h.7633		pour 1h.0000		pour 0h.7633		pour 1h.0000		
Entrée.	Sortie.	Entrée.	Sortie.	Entrée.	Sortie.	Entrée.	Sortie.	Entrée.	Sortie.	Entrée.	Sortie.	
(19)	(20)	(21)	(22)	(23)	(24)	(25)	(26)	(27)	(28)	(29)	(30)	
lit.	lit.	lit.	lit.	lit.	lit.	lit.	lit.	k.	k.	k.	k.	
14017.536	14148.804	18364.386	18536.439	44388.864	39985.920	58153.890	52385.589	251.147	246.067	329.028	322.372	
»	»	»	»	•	•	•	•	10207.027	8575.132	13372.235	11234.289	
77565.312	98052.192	101518.383	128458.262	676933.632	449886.528	886851.345	589396.735	2750.043	1730.333	3602.834	2268.911	
79304.824	385694.640	365913.565	505298.887	1908562.484	1792345.680	2500409.357	2348153.649	8379.055	7940.772	10977.407	10403.212	
57401.404	230103.900	337221.805	301459.321	1702809.288	1486825.200	2230851.943	1947801.000	6534.036	6195.103	8560.246	8116.813	
00256.448	187900.128	209952.113	246168.123	1165501.440	1055131.488	1526924.460	1382328.689	3842.192	3324.387	4771.639	4355.282	
07709.760	90535.860	128009.642	118611.110	403867.008	374214.888	529108.522	490259.253	2019.395	1931.432	2645.533	2530.371	
73543.392	111795.840	96349.262	148463.828	328116.672	285079.392	429865.940	373482.702	1527.440	1285.652	2001.100	1684.334	
63756.800	88098.840	214537.927	115448.368	399566.592	311282.568	523472.543	407811.566	3995.666	3406.488	5234.726	4462.843	
50848.236	33477.696	68616.319	43859.159	112996.080	95147.136	148036.204	124652.346	1073.463	810.513	1406.345	1061.854	
28062.612	23811.552	36764.459	31195.535	49889.088	56855.072	65359.738	74223.860	488.497	394.122	639.080	516.340	
79617.600	30470.992	104307.088	66122.091	234871.920	217413.504	307705.909	284833.622	2149.675	1902.368	2816.291	2492.294	
31326.048	39139.848	41040.283	54277.149	110846.016	133535.952	145219.463	174945.568	1180.751	897.914	1546.903	1176.358	
1313406.92	1353230.35	1720595.23	1772868.27	7138349.064	6297503.328	9351957.374	8250364.639	44198.327	38640.28	57204.267	50622.673	

Comme dans Vaucluse, l'eau, en passant sur le pré, abandonne aux plantes une partie de l'azote de l'ammoniaque et de l'acide azotique qu'elle contient, mais les quantités qui réagissent sont très-différentes.

On voit d'abord que les eaux entrées sur la prairie d'une surface de $0^{\text{hect}},7633$, renferment $1632^{\text{k}},180$ d'azote de l'ammoniaque et de l'acide azotique. Les eaux de colature en renferment $1396^{\text{k}},957$. La différence entre ces deux chiffres est de $235^{\text{k}},223$, mais ce chiffre est supérieur à celui de l'azote fixé par la prairie. On doit observer en effet, comme je l'ai déjà fait remarquer à propos des jaugeages, que, dans les arrosages à grands volumes qui nous occupent, on ne peut pas, comme dans les arrosages à petit volume du Midi, regarder comme restant dans le sol, la différence de l'eau entrée à l'eau de colature ; cette différence, à l'exception du volume enlevé par l'évaporation, filtre à travers le sol pour aller plus loin retrouver le thalweg de la vallée. A défaut d'analyse, puisqu'il n'est pas possible de recueillir ces eaux de filtration sans un drainage spécial, on peut admettre qu'elles ont la composition des eaux de colatures. Il convient donc d'ajouter à l'azote des colatures mesurées celui des colatures souterraines. En ne tenant pas compte, quant à présent, de l'évaporation, que je n'ai pas mesurée, le poids de cet azote serait de $(1,182,093^{\text{mc}},120 - 1,119,919^{\text{mc}},680) 1^{\text{mill}},2476 = 62,173,440^{\text{lit}} \times 1^{\text{mill}},2476 = 77^{\text{k}},567$. Le poids d'azote fixé, corrigé de ce nombre, se réduit à $157^{\text{k}},656$. Ce chiffre lui-même donné par les observations que nous avons rapportées, est probablement supérieur à la vérité. En effet, pendant la nuit, soit certainement par l'abaissement de la température, soit peut-être aussi, comme j'ai lieu de le croire, par l'absence de lumière, la fixation de l'azote est moins énergique que pendant la journée, époque à laquelle se rapportent toutes mes analyses, puisque malheureusement je n'ai pas pu faire puiser d'eau pendant la nuit.

Le foin produit contenait $54^{\text{k}},088$ d'azote. Il est donc resté $157^{\text{k}},656 - 54^{\text{k}},088 = 103^{\text{k}},568$ d'azote fixé dans la prairie pour augmenter sa fertilité. Ce chiffre devant même être réduit dans une notable proportion, eu égard à la remarque qui précède.

Rapportés à un hectare, les nombres qui précèdent deviennent :

Azote donné par l'eau d'irrigation................ 206,545
Azote de la récolte 70,861

Différence en plus 135,684

Ainsi, dans ces conditions, l'eau seule fournit tout l'azote de la récolte et augmente même la richesse de la prairie d'une certaine quantité d'azote, dont le chiffre ne peut être exactement indiqué, mais qui est certainement notablement inférieur à $135^k,684$ par hectare, chiffre donné par les essais. Cet accroissement de la fertilité du sol d'une prairie est parfaitement d'accord avec les faits pratiques d'observation. Du reste, ce poids d'azote n'est qu'une bien petite fraction de la masse de ce corps existant dans un hectare de sol arable, et l'on conçoit très-bien que la modification du sol aurait lieu, même dans ces conditions, d'une manière à peine sensible, comme on le remarque en effet.

Si l'on compare la composition moyenne annuelle de l'eau à l'entrée et à la sortie, on trouve que la première renferme $1^{mill},380$ d'azote de l'ammoniaque et de l'acide azotique par litre, et que la seconde en renferme $1^{mill},247$, de sorte que chaque litre d'eau abandonne $0^{mill},133$ d'azote; soit moins de $1/10^e$ de l'azote total contenu dans l'eau à l'entrée. Mais cette moyenne se compose de chiffres très-différents. Pendant les arrosages d'hiver, la différence de composition des eaux d'entrée et de sortie est à peine sensible, à plusieurs reprises, l'eau de sortie contient même un peu plus d'azote combiné que l'eau d'entrée. Si l'on prend la moyenne des résultats, d'une part, depuis le commencement des irrigations jusqu'au 3 avril, et, d'autre part, depuis le 8 mai jusqu'au 11 août, on trouve :

Azote par litre d'eau, du 23 décembre 1859 au 3 avril 1860 ; entrée ....

$$\frac{1241^k,180}{901746720^{lit.}} = 1,3764 \;^{mill.}$$

Azote par litre d'eau, du 23 décembre 1859 au 3 avril 1860 ; sortie ....

$$\frac{1147^k,748}{857253960^{lit.}} = 1,3388$$

Azote par litre d'eau, du 8 mai au 11 août 1860 ; entrée ....

$$\frac{391^k,000}{280346400^{lit.}} = 1,3947$$

Azote par litre d'eau, du 8 mai au 11 août 1860 ; sortie ....

$$\frac{249^k,209}{262665720^{lit.}} = 0,9487$$

Ainsi, dans la première période, quand il fait froid, chaque litre d'eau perd seulement $0^{mill},0376$ d'azote par son passage sur le pré, soit moins de 3 p. 100 de l'azote contenu dans l'eau à l'entrée. Dans la seconde période, quand la température oscille entre 12 et 17°, la quantité moyenne d'azote enlevé. à chaque litre d'eau devient $0^{mill},446$, soit plus de 32 p. 100 de l'azote de l'eau d'entrée.

Dans ces conditions, ces eaux sont aussi épuisées que celles du Midi.

Pendant le froid, les plantes ne prennent donc presque rien à l'eau d'arrosage. On voit donc que pendant la nuit, indépendamment de l'action de la lumière, que j'ai lieu de croire sensible, la fixation d'azote est moins forte que pendant le jour. Par conséquent, notre chiffre d'observation résultant d'échantillons pris le jour est trop fort, comme nous l'avons déjà dit.

La température joue donc un rôle considérable dans le phénomène qui nous occupe, et l'on conçoit dès lors comment une sorte d'instinct, résultant de cet esprit d'observation souvent si développé chez l'ouvrier rural, conduit les *fins irrigateurs*, comme on le dit, à donner ou à ôter l'eau plus habilement que les irrigateurs ordinaires, et à obtenir ainsi de bien meilleurs résultats dans des conditions semblables en apparence. On conçoit aussi par là que toutes les fois que cela n'est pas indispensable, il faut éviter de trop réglementer les arrosages, pour laisser à chacun, dans les climats du Nord, la liberté nécessaire pour utiliser au mieux de ses intérêts les eaux d'irrigation.

Bien que pendant l'hiver les eaux d'irrigation abandonnent assez peu d'azote à la prairie, leur utilité en grandes masses ne paraît pas douteuse, soit pour régulariser la température du sol et des plantes, soit pour enrichir le terrain d'une partie des éléments solides qu'elles entraînent.

Les cendres du foin pèsent $438^{k},677$., chiffre peu important à côté de celui des matières minérales laissées par l'eau, qui très-probablement fournissent largement les matières minérales nécessaires aux plantes.

Comme dans les arrosages précédents, il sort plus d'acide carbonique en moyenne qu'il n'en entre, mais ce gaz est très-peu abondant dans le cas qui nous occupe. Il y a au contraire moins d'oxygène à la sortie qu'à l'entrée. Comme pour l'azote de l'ammoniaque et de l'acide carbonique, ces phénomènes se dessinent surtout quand la température est suffisamment élevée.

On voit, en résumé, que dans la prairie de Saint-Dié on ne pourrait pas diminuer beaucoup le volume de l'eau sans réduire le poids d'azote apporté au-dessous de celui de l'azote emporté par le foin. La pratique des arrosages à grand volume est donc parfaitement rationnelle dans les conditions qui font l'objet de cette expérience.

CHAPITRE VII.

Sol arable. — Le sol de la prairie de Habeaurupt est pierreux, mais d'assez bonne qualité. La prairie est médiocrement soignée. Dans certains points, les plantes de mauvaise qualité sont abondantes. Pour donner une idée de la nature de cette terre très-variable d'un point à l'autre, on reproduira les résultats des essais auxquels ont été soumis les échantillons pris avec soin dans différents points de sa surface.

	ÉCHANTILLONS pris aux points désignés sur le plan par les lettres.					
	Z	X	E	D	C	B
1° *Constitution physique.*						
Sable fin de moins de $0^m.0005$ de diamètre. .	19.5	11.0	9.2	23.2	13.9	21.9
Sable gros de $0^m.0005$ à $0^m.003$ de diamètre. .	32.2	5.7	9.5	33.5	10.3	24.4
Cailloux de plus de $0^m.003$ de diamètre . . .	»	»	»	18.5	0.3	0.1
Parties ténues entraînées par l'eau.	39.4	72.8	69.6	19.3	65.8	43.2
Eau perdue à l'étuve.	8.9	10.5	11.7	5.5	9.7	10.4
	100.0	100.0	100.0	100.0	100.0	100.0
2° *Composition chimique après grillage.*						
Résidu insoluble dans les acides faibles. . .	85.9	78.3	77.8	89.2	76.8	83.5
Alumine et peroxyde de fer solubles dans les acides faibles	5.5	8.6	8.3	4.8	8.6	5.4
Chaux	traces.	0.1	traces.	traces.	0.1	traces.
Perte par calcination et produits non dosés.	8.6	13.0	13.9	6.0	14.5	11.1
	100.0	100.0	100.0	100.0	100.0	100.0
Azote pour 100.	0.149	0.237	0.258	0.120	0.237	0.187

Fumure. — Cette prairie n'a pas reçu en 1859 et ne reçoit pas habituellement de fumier. Les vaches y passent quelques après-midi après la coupe des regains, lorsque le beau temps se prolonge dans l'arrière-saison ; mais la quantité de matières fertilisantes qu'elles peuvent y laisser est regardée comme insignifiante par le propriétaire de la prairie.

Récolte. — La récolte de 1860 a donné sur $1^h,0645$, savoir :

$$1^{re} \text{ coupe} \dots\dots\dots\dots\dots\dots\dots\dots\dots 7,250 \text{ kil.}$$
$$2^e \text{ coupe rentrée le 27 septembre} \dots\dots 2,000$$
$$\overline{ 9,250}$$

ou bien $8,689^k,525$ par hectare.

Au moment où ils ont été rentrés, ces foins présentaient la composition indiquée dans le tableau suivant :

TABLEAU Nº 29. — *Composition de la récolte de la prairie de Habeaurupt (Vosges).*

	PREMIÈRE COUPE.									SECONDE COUPE.								TOTAUX	
	Échantillons pris aux points désignés sur le plan par les lettres						Moyennes.	Sur le produit de		Échantillons pris aux points désignés sur le plan par les lettres					Moyennes.	Sur le produit de		sur le produit de	
	Z	X	E	D	C	B		$1^h.0645$	$1^h.0000$	Z	X	E	D	B		$1^h.0645$	$1^h.0000$	$1^h.0645$	$1^h.0000$
Eau.......	21.3	23.1	23.3	22.1	23.6	21.9	22.6	k. 1638.5	k. 1539.2	16.5	18.3	18.7	22.7	24.0	20.0	k. 400.0	k. 375.8	k. 2038.5	k. 1915.0
Matières combustibles...	71.7	71.0	70.6	71.8	68.5	71.4	70.8	5133.0	4822.0	71.6	74.4	69.7	68.2	68.1	70.4	1408.0	1312.7	6541.0	6144.7
Cendres.....	7.0	5.9	6.1	6.1	7.9	6.7	6.6	478.5	449.5	11.9	7.3	11.6	9.1	7.9	9.6	192.0	180.3	670.5	629.8
	100.0	100.0	100.0	100.0	100.0	100.0	100.0	7250.0	6810.7	100.0	100.0	100.0	100.0	100.0	100.0	2000.0	1877.8	9250.0	8689.5
Azote 1er dosage	0.784	0.968	1.200	1.208	0.968	0.968	»	»	»	1.400	1.975	1.868	1.675	1.768	»	»	»	»	»
Azote 2e dosage	0.752	0.968	1.128	1.312	0.968	0.968	»	»	»	1.520	1.969	1.868	1.662	1.785	»	»	»	»	»
Moyenne ...	0.768	0.968	1.164	1.260	0.968	0.968	1.016	73.660	69.196	1.460	1.972	1.868	1.668	1.777	1.749	34.980	32.860	108.640	102.057

Composition de l'eau. — L'analyse minérale des eaux a été faite, comme pour les expériences précédentes, en formant des groupes par la réunion d'échantillons recueillis pendant des arrosages peu éloignés. On n'a pas cru nécessaire d'examiner séparément les eaux de sortie de la partie de la prairie disposée en pente forte et de la partie à pente faible. Les résultats de ces essais sont réunis dans le tableau suivant :

TABLEAU N° 30. — *Composition des matières dissoutes dans les eaux d'arrosage de la prairie de Habeaurupt.*

	MÉLANGE DES EAUX D'ENTRÉE des			MÉLANGE DES EAUX DE SORTIE des		
	21 et 28 nov., 5 et 10 déc. 1859. 1, 8 et 15 janv. 1860.	31 mars, 7 avril et 9 mai 1860.	1er, 8 et 9 juillet 1860.	21 et 28 nov., 5 et 10 déc. 1859. 1, 8 et 15 janv. 1860.	31 mars, 7 avril et 9 mai 1860.	1er, 8 et 9 juillet 1860.
	g.	g.	g.	g.	g.	g.
Résidu insoluble dans les acides. . .	0.006	0.006	0.006	0.006	0.006	0.007
Alumine et peroxyde de fer	0.003	traces.	traces.	traces.	traces.	traces.
Chaux.	0.002	traces.	0.003	0.001	0.001	0.003
Magnésie	traces.	traces.	0.001	traces.	traces.	0.001
Alcalis . . . . : . .	0.003	0.003	0.003	0.002	0.003	0.002
Chlore	traces.	traces.	0.001	0.001	traces.	traces.
Acide sulfurique.	0.004	0.002	0.001	0.004	0.004	0.003
Perte par grillage	0.004	traces.	0.003	0.004	0.003	0.002
Acide carbonique et produits non dosés	0.001	0.007	0.005	0.004	0.005	0.008
Poids total par litre du résidu de l'évaporation des eaux mélangées	0.023	0.018	0.026	0.022	0.022	0.026

Les observations qui accompagnent le tableau n° 27 s'appliquent également ici. On remarquera seulement que les eaux, puisées plus haut dans la vallée, sont encore plus pures.

On a recueilli séparément les échantillons de l'eau de sortie de la partie de la prairie à pentes fortes et de la partie à pente faible. Les dosages ont été faits complétement sur ces deux séries d'échantillons, mais, pour ne pas trop compliquer le tableau suivant n° 31, on a réuni les deux espèces d'eau de sortie en portant la moyenne des résultats

TABLEAU N° 31. — *Matières apportées et entraînées par les eaux*

DATES des périodes d'arrosages. (1)	DÉSIGNATION des échantillons. (2)	Température de l'eau, colon. (3) et (4) du tableau 11. (3)	Volumes correspondants à chaque prise d'échantillon pour 1h.0645. (4)	COMPOSITION PAR LITRE		Gaz dissous					AZOTE PAR LITRE			AZOTE combiné pour 1h.0645.		AZOTE combiné pour 1h.0000.	
				Ammoniaque. (5)	Acide azotique monohydraté. (6)	Acide carbon. (7)	Oxygène. (8)	Azote. (9)	Volume total. (10)	Matières solides dissoutes et en suspens. (11)	de l'ammoniaque. (12)	de l'acide azotique. (13)	Total. (14)	Entrée. (15)	Sortie. (16)	Entrée. (17)	Sortie. (18)
		°	m. cub.	mil.	mil.	c.c	c.c	c.c	c.c	gr.	mil.	mil.	mil.	k.	k.	k.	k.
1859.																	
21 nov.	entr.	»	389016.00	0.959	2.738	1.5	7.6	18.0	27.1	0.034	0.790	0.608	1.398	543.844		510.391	
	sort.	»	347099.52	0.768	3.400	1.6	7.6	17.0	26.2	0.020	0.632	0.755	1.387		482.259		403.038
Du 12 nov. au 6 déc. 1859.	entr.	4.5	594951.70	0.570	3.697	0.9	7.8	17.2	25.9	0.025	0.474	0.866	1.350	797.822		758.910	
	sort.	4.5	547087.04	0.584	4.377	1.7	7.1	17.8	26.4	0.027	0.480	0.973	1.454		705.405		747.265
5 déc.	entr.	3.0	480909.66	0.617	1.798	1.2	7.9	16.4	25.5	0.022	0.508	0.399	0.907	418.065		532.335	
	sort.	3.0	418289.32	0.681	1.481	1.5	7.8	17.4	26.7	0.024	0.561	0.329	0.890		372.277		349.320
11 déc.	entr.	2.0	231587.96	0.445	1.876	1.0	8.4	17.3	26.7	0.025	0.366	0.417	0.783	481.234		170.300	
	sort.	3.0	218922.30	0.386	3.919	1.1	7.6	17.8	25.9	0.024	0.318	0.871	1.189		260.299		544.027
1860.																	
Du 11 déc. 1859 au 15 janv. 1860 et du 30 janv. au 11 février 1860.	entr.	5.0	748273.26	0.925	3.057	1.2	8.6	17.7	27.5	0.022	0.762	0.679	1.441	1078.252		1012.929	
	sort.	5.0	662194.40	0.584	2.517	1.5	8.5	17.4	27.0	0.018	0.481	0.559	1.040		688.082		846.054
8 janv.	entr.	3.0	637356.10	0.613	1.920	1.1	8.0	16.5	25.6	0.023	0.505	0.627	1.232	300.815		470.470	
	sort.	3.0	471432.98	0.716	2.025	1.5	7.0	16.4	24.9	0.024	0.590	0.450	1.040		490.290		460.582
13 janv.	entr.	4.0	592637.26	0.767	1.943	1.0	7.0	15.6	24.2	0.021	0.632	0.425	1.057	626.460		568.501	
	sort.	3.5	537042.96	0.511	2.819	0.8	6.8	17.0	24.6	0.020	0.421	0.625	1.046		361.747		327.710
Du 31 mars au 13 avril 1860.	31 mars entr.	0.0	313598.88	0.672	1.950	1.1	7.3	14.9	23.3	0.020	0.553	0.433	0.986	309.208		290.672	
	sort.	0.5	247116.70	0.513	4.340	1.3	7.0	15.0	23.3	0.019	0.422	0.964	1.386		340.504		321.751
	7 avril entr.	3.0	505086.84	0.200	4.942	1.1	6.4	16.7	24.2	0.024	0.165	0.943	1.109	599.636		525.727	
	sort.	4.0	445087.48	0.253	3.166	1.5	6.2	16.4	24.1	0.021	0.208	0.703	0.911		401.811		327.483
Du 9 au 12 mai 1860.	9 mai entr.	8.0	148650.84	0.501	6.076	1.4	8.2	13.9	21.5	0.020	0.413	1.483	1.896	231.842		264.705	
	sort.	8.5	137259.78	0.620	4.483	1.8	8.1	13.8	21.7	0.025	0.511	0.996	1.507		206.841		194.308
Du 1er au 9 juill. 1860.	1er juill. entr.	9.0	109913.96	0.575	5.110	1.5	6.6	13.5	21.5	0.020	0.477	1.136	1.613	224.070		210.494	
	sort.	10.0	127829.32	0.658	2.307	2.6	6.5	12.9	21.9	0.027	0.542	0.543	1.055		134.856		126.085
	8 juil. entr.	11.5	98475.48	0.233	5.540	0.8	6.2	13.1	20.1	0.028	0.586	1.009	1.595	166.016		156.802	
	sort.	11.0	70208.64	0.640	4.944	2.0	5.3	12.4	20.6	0.026	0.525	0.432	0.966		67.821		60.712
	9 juil. entr.	7.5	13483.08	0.642	1.753	0.9	6.7	14.7	22.3	0.020	0.505	0.390	0.894	12.054		11.323	
	sort.	8.0	9916.92	0.529	1.205	2.0	5.9	13.0	20.9	0.027	0.436	0.268	0.704		6.984		6.558
Totaux et moy.	entr.		4972929.52			1.4	7.6			0.023			1.495	5099.608		5354.310	
	sort.		4276077.00			1.5	7.2			0.022			1.138		4851.853		4520.204

obtenus, calculés bien entendu en multipliant chaque chiffre analytique par le volume correspondant et divisant la somme des produits par le volume total.

Les conditions de l'arrosage de la prairie de Habeaurupt se rapprochent beaucoup de celles de l'arrosage de Saint-Dié.

...l'irrigation employées en 1859-1860 sur la prairie de Habeaurupt (Vosges).

ACIDE CARBONIQUE DISSOUS				OXYGÈNE DISSOUS				MATIÈRES SOLIDES			
pour 1h.0645		pour 1h.0000		pour 1h.0645		pour 1h.0000		pour 1h.0645		pour 1h.0000	
Entrée	Sortie	Entrée	Sortie	Entrée	Sortie	Entrée	Sortie	Entrée	Sortie	Entrée	Sortie
(19)	(20)	(21)	(22)	(23)	(24)	(25)	(26)	(27)	(28)	(29)	(30)
lit.	lit.	lit.	lit.	lit.	lit.	lit.	lit.	k.	k.	k.	k.
3524.000	556310.232	548167.215	528610.807	2056521.000	3642516.052	2777980.554	2382301.458	12059.696	9040.187	11328.789	8492.425
5647.584	930017.968	500003.837	873694.662	1640545.728	3883317.084	4350366.580	3648760.060	14873.544	14771.050	13972.329	13876.927
3091.328	627432.480	549578.514	589415.200	3644481.576	3202649.896	3420358.550	2064959.038	10140.008	6784.055	9525.606	8251.813
1537.980	240814.530	217508.652	328293.138	1944019.864	1053809.480	1827072.076	1562996.223	5788.649	5254.425	5427.716	4935.777
7928.039	993291.600	843520.982	032108.247	6435450.896	5628658.400	6045230.065	5287602.067	15462.014	11919.409	15464.550	51197.275
1091.776	707149.440	555276.465	664301.983	4298849.280	3300030.720	4098374.187	3100075.829	12050.192	11314.391	11640.329	10628.831
2677.360	423834.308	356765.936	403802.037	4504347.936	3654899.125	4421421.204	3420612.311	12440.225	10740.859	11692.055	10090.054
4958.768	321834.788	324057.086	304786.535	2289271.824	1509867.320	2150560.664	1695004.529	6074.970	4035.019	5891.942	4310.727
5595.526	861831.220	521030.076	021541.775	3232555.770	2704749.376	3036089.315	2560039.800	12122.084	9209.837	11287.585	8704.585
6111.176	247056.806	193501.340	232087.181	921635.208	837840.058	865791.647	798517.688	3118.060	3484.045	3241.807	3823.438
8373.040	232047.399	195747.037	312209.856	016851.376	818085.888	861288.282	768516.560	3195.053	3491.300	3001.459	3242.172
8780.354	203805.056	74006.937	191209.354	610347.976	372105.792	573553.759	349550.222	2737.913	1825.425	2590.842	1714.819
2104.772	19833.840	11399.504	18639.074	90336.636	58509.828	84862.974	54964.611	391.609	267.757	867.317	251.533
03251.70	0270415.718	5086486.731	5890479.772	38482707.67	30586377.22	34879153.75	28731213.02	112395.33	94758.339	105464.75	88016.276

On voit d'abord que les eaux entrant sur la prairie, d'une surface de 1h,0645, renferment 5,699k,668 d'azote de l'ammoniaque et de l'acide azotique. Les eaux de colatures en renferment 4,811k,853. La différence entre ces deux nombres est de 887k,815, mais ce chiffre est supérieur à

celui de l'azote fixé par la prairie. On doit observer en
effet, comme nous l'avons déjà fait remarquer, que dans
les arrosages à grand volume d'eau, on ne saurait considérer comme absorbée par le sol la différence de l'eau entrée
à l'eau de colature. Cette différence, à l'exception de l'eau
enlevée par l'évaporation, filtre à travers le sol pour aller
plus loin retrouver le thalweg de la vallée. En admettant
que ces eaux d'infiltration, qu'il n'a pas été possible d'analyser, ont la même composition que les eaux de colature,
on reste probablement au-dessous de la réalité. Il faut donc
ajouter à l'azote des colatures celui des eaux écoulées par
infiltrations souterraines. Le poids de cet azote serait
$(4,772,922^{mc},520 - 4,236,077^{mc},000)$ $1^{millim},136 =$
$609^{k},856$. Le poids de l'azote fixé, calculé ci-dessus et résultant des chiffres du tableau corrigé de ce nombre, se
réduit à $277^{k},959$. Ce dernier chiffre lui-même, donné par
les observations résumées dans le tableau, est d'ailleurs
sans aucun doute supérieur à la réalité, puisque pendant
la nuit la fixation des principes fertilisants est sensiblement
ralentie et que les analyses se rapportent à des observations
de jour.

Le foin récolté contenait $108^{k},640$ d'azote. Il est donc
resté au plus $277^{k},959 - 108^{k},640 = 169^{k},319$ d'azote
fixé dans la prairie, car ce chiffre devrait être réduit dans
une certaine limite pour tenir compte de l'observation précédente.

Rapportés à un hectare, les nombres qui précèdent
donnent :

Azote fourni par l'eau d'irrigation	261,116
Azote de la récolte	102,057
Différence en plus	159,059

Dans ces conditions, l'eau d'irrigation apporte tout l'azote
emporté par la récolte et augmente même la richesse de la
prairie d'une certaine quantité d'azote que je ne saurais
fixer rigoureusement, mais qui est inférieur à $159^{k},059$,
chiffre résultant des observations et qui est certainement

supérieur à la vérité. Cet accroissement de fertilité est d'accord avec les faits pratiques, et d'ailleurs, comme je l'ai dit déjà pour Saint-Dié, cette quantité d'azote est une assez faible fraction du poids total de ce corps existant dans un hectare de sol arable pour que les modifications résultant de son introduction annuelle soient très-peu sensibles.

Si l'on examine la composition moyenne annuelle de l'eau d'irrigation, on trouve que l'eau entrée renferme $1^{millim},194$ d'azote de l'ammoniaque et de l'acide azotique par litre et que l'eau à la sortie en renferme $1^{millim},136$. C'est-à-dire que chaque litre d'eau abandonne $0^{millim},058$, soit moins de 5 p. 100 de l'azote total contenu dans l'eau d'entrée. Mais cette moyenne, comme à Saint-Dié, se compose de chiffres très-différents. Pendant les arrosages d'hiver, la différence de composition des eaux d'entrée et de sortie est à peine sensible, l'eau de sortie contient même quelquefois plus d'azote combiné que l'eau d'entrée. Pendant l'été, au contraire, les différences sont toujours dans le même sens et beaucoup plus sensibles. Si l'on prend la moyenne des résultats depuis le commencement des arrosages jusqu'au 31 mars d'une part, et depuis le 7 avril jusqu'au 9 juillet d'autre part, on trouve :

$$\text{Azote de l'ammoniaque et de l'acide azotique par litre d'eau, du 21 déc. 1859 au 1}^{er}\text{ mars 1860; entrée} \left\{ \frac{5015^k,286}{4373397760^{lit}.} = 1.1467 \text{ milli.} \right.$$

$$\text{Azote de l'ammoniaque et de l'acide azotique par litre d'eau, du 21 déc. 1859 au 1}^{er}\text{ mars 1860; sortie} \left\{ \frac{4395^k,354}{3890871740^{lit}.} = 1.1296 \right.$$

$$\text{Azote de l'ammoniaque et de l'acide azotique par litre d'eau, du 7 avril 1860 au 9 juil. 1860; entrée} \left\{ \frac{684^k,882}{3995247760^{lit}.} = 1.7142 \right.$$

$$\text{Azote de l'ammoniaque et de l'acide azotique par litre d'eau, du 7 avril 1860 au 9 juil. 1860; sortie} \left\{ \frac{416^k,499}{3452052260^{lit}.} = 1.2065 \right.$$

Dans la première période, chaque litre d'eau abandonne $0^{millim},0171$ d'azote par son passage sur le pré, soit moins de 1 1/2 p. 100 de l'azote contenu dans l'eau à l'entrée. Dans la seconde période, la quantité moyenne d'azote enlevée à chaque litre d'eau devient $0^{millig},5077$, soit près de 30 p. 100 de l'azote de l'eau d'entrée.

Ces chiffres donnent lieu aux mêmes observations que celles que nous avons faites à propos de la prairie de Saint-Dié.

Arrosages à pente forte ou faible. — Comme on l'a déjà dit, pour ne pas surcharger les tableaux, on a réuni dans les colonnes de sortie les eaux ayant servi à l'arrosage des parties de la prairie présentant une pente prononcée et celles ayant servi pour les parties peu inclinées ; mais dans les calculs qui ont servi à établir les tableaux, on a distingué ces deux espèces d'eaux dont les échantillons ont été aussi analysés séparément. En prenant la proportion de l'azote par litre, provenant de l'ammoniaque et de l'acide azotique dans les eaux d'arrosage de pente faible, on trouve $1^{\text{millim}},0851$ et pour les eaux de sortie de pente forte $1^{\text{millim}},1926$ (1). Ainsi les eaux employés sur la pente forte, passent plus rapidement et abandonnent moins d'azote. Ainsi s'explique la pratique des reprises d'eau si soigneusement appliquée dans certaines localités.

Les gaz dissous donnent lieu aux mêmes remarques que précédemment.

La conclusion pratique à tirer de cette dernière expérience est la même que pour la prairie de Saint-Dié. Le volume d'eau employé n'excède pas les besoins et en le réduisant d'une manière notable, l'eau d'arrosage n'apporterait plus assez d'azote pour fournir à la production du fourrage exporté et à la formation du chevelu des racines des herbes de la prairie.

---

(1) Ces deux chiffres multipliés par les volumes d'eaux respectifs auxquels ils s'appliquent, donnent la somme d'azote portée au tableau, et la somme de ces produits divisée par le volume total, donne la moyenne 1,136.

CHAPITRE VIII.

RÉSUMÉ.

Utilité d'un résumé. — Les nombreux tableaux de chiffres réunis dans les chapitres précédents sont indispensables pour exposer les expériences qui font l'objet de ce mémoire, mais on ne saurait se dissimuler que leur étendue même peut, jusqu'à un certain point, détourner l'attention des conséquences qui se déduisent de leur examen attentif. Il convient, par conséquent, de résumer en peu de mots les résultats de ces longues et nombreuses expériences, pour en faire saisir le but d'une manière rapide et facile.

L'influence sur la végétation de l'ammoniaque, de l'acide azotique et des gaz dissous dans les eaux d'irrigation ne saurait faire l'objet d'aucun doute, mais des expériences isolées ne permettaient pas d'apprécier quantitativement cette influence. Pour établir la statique chimique des cultures arrosées, il fallait des séries complètes de jaugeages et d'analyses portant sur une année entière. Les expériences que l'on vient d'exposer ont donc mis en évidence plusieurs faits intéressants pour la pratique et la théorie des arrosages.

Rappel des principaux chiffres. — Rappelons d'abord, en les réunissant dans le tableau suivant, les principaux résultats numériques de nos observations :

	Prairie de Taillades.	Luzerne de Taillades.	Haricots de Taillades	Prairie de l'Isle.	Prairie de Saint-Dié.	Prairie de Habeaurupt.
	mc.	mc.	mc.	mc.	mc.	mc.
Volume total d'eau versé par hectare et par an.	16383.006	37959.224	5125.649	5402.289	1548661.23	4483722.43
Débit continu correspondant par seconde et par hectare.	lit. 1.89	lit. 4.393	lit. 0.988	lit. 1.126	lit. 68.675	lit. 217.193
Débit continu par seconde et par hectare, l'hiver.	»	»	»	»	101.285	312.835
Débit continu par seconde et par hectare, l'été.	»	»	»	»	33.737	49.93
Azote de l'ammoniaque et de l'acide azotique par litre d'eau d'entrée moyenne de l'année.	mil. 1.583	mil. 1.522	mil. 1.773	mil. 1.580	mil. 1.380	mil. 1.194
Azote de l'ammoniaque et de l'acide azotique par litre d'eau de sortie, moyenne de l'année	1.002	1.021	»	1.363	1.247	1.136
Azote de l'eau d'irrigation fixé par hectare et par an	k. 23.442	k. 55.731	k. 9.090	k. 8.093	k. 207.880	k. 261.116
Rapport de l'azote fixé par litre à l'azote de l'eau d'entrée, moyenne de l'année.	0.36	0.33	»	0.13	0.10	0.05
Rapport de l'azote fixé par litre à l'azote de l'eau d'entrée, moyenne de l'hiver	»	»	»	»	0.03	0.015
Rapport de l'azote fixé par litre à l'azote de l'eau d'entrée, moyenne de l'été	»	»	»	»	0.32	0.30
Azote du fumier	k. 121.884	k. 105.806	k. 87.662	k. 139.724	k. »	k. »
Azote de la récolte.	184.345	431.537	103.961	165.857	70.861	102.057
Différence de l'azote de la récolte et de l'azote de l'eau et du fumier	+ 39.019	+ 271.280	+ 7.209	+ 18.410	— 135.684	— 155.994
Acide carbonique dissous par litre d'eau d'entrée, moyenne de l'année	cc. 4.87	cc. 4.30	cc. 6.1	cc. 11.3	cc. 1.40	cc. 1.13
Acide carbonique dissous par litre d'eau de sortie, moyenne de l'année	5.29	4.80	»	13.6	1.60	1.48
Oxygène dissous par litre d'eau d'entrée moyenne de l'année	4.54	4.80	4.1	5.7	7.60	7.64
Oxygène dissous par litre d'eau de sortie, moyenne de l'année.	3.78	4.20	»	1.7	7.10	7.22

Régimes du Nord et du Midi. — La différence essentielle de la pratique des arrosages dans le Midi et dans les régions plus froides résulte de la manière la plus frappante des premiers chiffres de ce tableau. Tandis que l'arrosage de l'une des cultures soumises à nos essais a eu lieu dans le département de Vaucluse en employant le produit d'un débit continu de moins d'un litre par seconde et par hectare ; une autre prairie, située dans les Vosges, a reçu le produit d'un débit moyen de 217 litres par seconde, qui dans l'été même s'élevait encore à près de 50 litres par seconde et par hectare.

Pendant l'hiver, les eaux sont, en général, assez abondantes pour suffire à tous les besoins ; il n'y a pas, à se préoccuper de leur emploi en grandes masses. Lorsqu'elles n'agissent pas par colmatage, elles servent alors beaucoup plus, sans aucun doute, à régulariser les conditions de température de l'herbe qu'à fournir aux plantes et au sol des matières fertilisantes ; car elles n'abandonnent en passant sur le terrain que 1 à 3 p. 100 de leur azote combiné. Les observations qui vont suivre s'appliquent donc essentiellement aux volumes d'eau employés pendant l'été.

Question posée. — La question principale posée au commencement de ce travail était de rechercher les motifs des arrosages à grands volumes d'eau et d'examiner s'il ne serait pas possible de se contenter partout des faibles dépenses de liquide constatées dans le Midi.

Cette question domine le régime pratique et administratif des arrosages dans notre pays ; elle a été souvent agitée sans recevoir jusqu'à présent de solution satisfaisante. Les cultivateurs du Nord maintenaient la nécessité de grands volumes d'eau sans pouvoir la justifier, et leurs adversaires leur opposaient des faits observés seulement dans des conditions de climat toutes différentes, et par conséquent impossibles à comparer à ceux qui faisaient l'objet de leurs critiques.

Les chiffres qui précèdent expliquent les procédés d'arrosages des pays froids, et fournissent des éléments précis de discussion aux défenseurs de la pratique des arrosages à grands volumes.

Différences des deux systèmes d'arrosages. — Dans les irrigations du Midi, étudiées dans ce travail, les eaux n'apportent aux récoltes qu'une faible partie des matières fertilisantes nécessaires à leur développement, comme le montre le tableau précédent. Elles servent surtout à rafraîchir le sol et à rendre possible les phénomènes d'absorption et d'évaporation indispensables à la vie des plantes. L'importance de leur rôle sous ce double rapport dépend de l'hygroscopicité du sol et de l'ensemble de ses propriétés physiques.

Dans les pays plus froids, les eaux d'irrigation remplissent véritablement le rôle de producteurs d'engrais ; elles fournissent toutes les matières fertilisantes nécessaires au développement des récoltes et à l'accroissement progressif de la richesse du sol.

Ainsi que nous l'avons expliqué, les poids trouvés dans nos expériences des Vosges, pour les quantités d'azote enlevées à l'eau d'irrigation, sont des maximum. Il en résulte que l'azote fixé par hectare de prairie, après l'enlèvement de la récolte, n'atteint même pas les chiffres de $135^k,6$ ou de $155^k,9$ portés au tableau. Ces chiffres eux-mêmes n'exprimeraient qu'un accroissement assez lent de la fertilité du sol ; on voit donc qu'une réduction des volumes d'eau d'arrosages, pour peu qu'elle fût notable, rendrait insuffisante la proportion de matières fertilisantes apportées par les eaux, et diminuerait les récoltes dans la même proportion, à moins qu'on ne remplace par une quantité équivalente de fumier le volume d'eau enlevée à la prairie.

Limites de fixation des principes fertilisants. — On pourrait remarquer, il est vrai, que les eaux, en passant sur les prairies soumises à nos expériences des Vosges, n'abandonnent que le tiers de l'azote combiné qu'elles renferment, et se demander si, par un meilleur mode d'emploi des eaux, on pourrait les dépouiller complétement, ce qui permettrait de réduire des deux tiers le volume employé. Il est facile de répondre à cette question. On dira d'abord que l'azote laissé dans les eaux d'irrigation n'est point perdu ; en continuant leur cours, elles s'enrichissent de nouveau et sont employées plus loin à d'autres arrosages. Mais il y a plus : il ne paraît pas possible, par la réduction du volume d'eau, de fixer une plus forte proportion d'azote de l'eau, car les prairies des Vosges, pendant les arrosages d'été, fixent un peu plus de 30 p. 100 de l'azote contenu dans les eaux qui les arrosent, c'est-à-dire sensiblement autant que les prairies de Vaucluse arrosées avec une si grande parcimonie.

Il semble donc que les plantes ne puisent plus rien dans les eaux dont la richesse en azote combiné descend au-dessous d'une certaine proportion, d'un certain titre de fertilité, si l'on peut s'exprimer ainsi. Ce fait, du reste, n'a rien d'étonnant ; il s'accorde avec les idées généralement admises sur l'influence exercée par le degré de dilution sur les affinités.

Si cette dernière observation est fondée, il est clair que, dans les irrigations bien disposées, les cultures fixeront tout l'azote des eaux excédant cette proportion constante pour chaque cas particulier, au-dessous de laquelle s'arrête toute assimilation des principes fertilisants du liquide. Le rapport de l'azote fixé à l'azote total sera par conséquent d'autant plus grand que l'eau sera plus riche en azote. On comprend par là les merveilleux effets de très-petits volumes d'eau suffisamment chargée de principes fertilisants.

Si les chiffres précédents expliquent parfaitement le rôle des arrosages à grands volumes, ce n'est pas à dire qu'ils les justifient toujours d'une manière complète. Puisque l'emploi de grands volumes d'eau a pour but de fournir aux récoltes la totalité des matières fertilisantes nécessaires à leur développement, on peut remplacer une partie de l'eau d'arrosage par une proportion d'engrais équivalente. On se trouve donc conduit à substituer l'un à l'autre ces deux moyens de fertilisation selon leur abondance, leur prix relatif, la nature du sol et du climat sous lequel on opère.

Ce serait s'écarter du but de ce travail d'examiner ici l'influence sur la qualité des récoltes de l'emploi plus ou moins abondant et plus ou moins exclusif des eaux d'irrigations ; on dira seulement que, dans certains cas, on perd plus en qualité qu'on ne gagne en quantité par l'emploi de volumes d'eau excessifs, et cette circonstance suffit habituellement pour empêcher les abus que l'on pourrait craindre dans l'usage des eaux.

Utilité de la méthode suivie dans ce mémoire. — La méthode suivie dans ce mémoire permet d'ailleurs de décider dans chaque cas particulier, si le volume d'eau réclamé par les intéressés excèdent leurs besoins. Il suffit, en effet, de jauger ces eaux et de comparer la quantité de matières fertilisantes qu'elles abandonnent en passant sur la prairie à la récolte obtenue. On aura donc, à l'avenir, une base certaine d'appréciation pour la concession et le partage des eaux d'irrigation. Désormais les cultivateurs des pays froids pourront répondre péremptoirement aux personnes qui leur citeront les arrosages du Midi et déterminer, dans chaque cas particulier, la limite au-dessous de laquelle le volume de leurs eaux d'arrosage ne pourrait être réduit sans diminuer la production de leurs prairies arrosées et sans exiger l'emploi de fumures auxiliaires.

Cette méthode fournit aussi la solution du problème des *reprises d'eau*. Il est évident qu'il faut cesser de les multiplier quand la composition de l'eau de sortie égale celle de l'eau d'entrée, et même quand la différence de composition de ces deux liquides représente une valeur inférieure aux frais d'établissement et d'entretien de la prairie.

La sensibilité et l'exactitude de ces procédés d'observations faites par séries est telle qu'on peut reconnaître, comme on l'a vu page 121, l'influence d'une pente plus ou moins forte du sol de la prairie.

Rôle des gaz dissous dans l'eau. — Les gaz dissous dans les eaux d'irrigation exercent une grande influence sur leur action sur les prairies.

Dans nos expériences, l'acide carbonique dissous a été plus abondant dans l'eau de sortie que dans l'eau d'entrée, et l'oxygène au contraire a toujours été plus abondant à l'entrée qu'à la sortie, ainsi que permettait de le prévoir la théorie de M. Chevreul sur le rôle des gaz dans le sol.

Il y a donc combustion lente de matières carbonées pendant le passage de l'eau sur les cultures. Ce phénomène paraît général ; les irrigations déterminent par conséquent dans le sol des phénomènes d'oxydation semblables à ceux que produit le drainage lui-même. Ces deux puissants moyens d'amélioration agricole, si différents en apparence, agissent à cet égard de la même manière.

Circonstances qui modifient la qualité de l'eau. — La facilité avec laquelle les eaux d'irrigation abandonnent aux cultures les matières fertilisantes qu'elles renferment, semble plutôt donner la mesure de leurs qualités que leur composition absolue. Ainsi les eaux de la Sorgue qui arrosent la prairie de l'Isle, se rapprochent beaucoup par leur composition de celles de la Durance qui arrosent la prairie de Taillades, mais elles sont beaucoup moins appréciées. On voit, en effet, que ces dernières abandonnent plus de 30 p. 100 de leur azote à la prairie qu'elles arrosent, tandis que les premières ne perdent que 13 p. 100 de leur richesse dans des conditions semblables en apparence.

Ces différences peuvent tenir à plusieurs causes qu'il serait fort utile d'étudier ; mais la comparaison des eaux de la Sorgue et de la Durance, aussi bien que quelques autres faits, porterait à penser que la présence d'une trop forte proportion relative d'acide carbonique dans l'eau nuit à ses qualités pour l'irrigation. Ce fait paraîtra du reste très-probable, si l'on se rappelle qu'une eau déjà chargée de gaz carbonique en dissout plus difficilement une nouvelle proportion, et présente ainsi une certaine résistance à l'action comburante de l'oxygène, puisque l'acide carbonique produit ne se trouve pas entraîné aussi facilement. Quelques expériences très-faciles permettraient, du reste, de vérifier cette supposition (1).

Une question plus délicate se rattache à cette combustion lente par l'oxygène dissous dans les eaux. Les matières organiques, fixées par le chevelu des racines et brûlées en partie dans les années suivantes par l'oxygène, sont plus ou moins riches en azote. Que devient cet azote? Se dégage-t-il à l'état gazeux? se concentre-t-il dans l'humus pour l'enrichir de plus en plus, ou bien enfin se transforme-t-il, en totalité ou en partie, en acide azotique, en se trouvant à l'état naissant au moment d'une combustion lente en présence de l'oxygène? Les expériences rapportées dans ce

____

(1) Cette vérification aurait une grande importance pratique, car elle donnerait le moyen d'améliorer facilement les eaux de cette espèce.

travail permettent seulement de poser cette question, dont la solution ne peut être donnée que par une autre série de recherches.

Matières minérales. — Les eaux d'irrigation apportent à la terre plus de matières minérales que les récoltes n'en enlèvent. Il est probable, en général, que les eaux renferment tous les éléments des cendres végétales. L'action absorbante du sol arable sur les sels solubles dont il n'est pas saturé, explique d'ailleurs, comment les terres arrosées enlèvent aux eaux les composés salins dont elles ont besoin en leur laissant entraîner les substances dont elles sont suffisamment imprégnées ou qu'elles renferment en trop grande abondance.

Température. — L'influence générale de la température sur la fixation par les cultures de l'azote fourni par l'ammoniaque et l'acide azotique des eaux d'irrigation, est bien nettement accusée par les observations faites sur les deux prairies des Vosges. Lorsque la température est inférieure à 7°, l'assimilation paraît nulle ou très-faible. Ce phénomène si important mérite, du reste, d'être étudié avec plus de détail, en puisant des eaux d'entrée et de sortie, d'heure en heure, et en notant la température relative du sol et de l'eau.

Les chiffres élevés qui représentent la chaleur spécifique de l'eau et la chaleur latente de sa vapeur donnent un grand intérêt aux recherches qui seraient faites pour étudier la vaporisation sur les prairies arrosées et les changements de température produits dans la couche arable par le fait de l'irrigation.

Après l'étude de l'action de la température sur les arrosages, il conviendrait de faire une série d'observations sur les eaux d'irrigation employées pendant la nuit, pour savoir si, à température égale, il se fixe alors autant d'azote que pendant le jour.

Double rôle des eaux d'arrosage. — Les conclusions de

notre travail ont été données dans l'introduction. Sans les reproduire ici, nous terminerons par une observation qui ressort bien naturellement de cette longue étude.

D'après ce qui précède, les eaux d'irrigation doivent être considérées comme agents *physiques* et comme agents *chimiques*. Leur rôle à ce double point de vue est extrêmement complexe, et dépend non-seulement des conditions naturelles du sol et du climat déjà si variables d'un pays à un autre, mais encore des conditions économiques qui règlent la valeur relative des différentes récoltes, des engrais et de l'eau elle-même.

On ne saurait donc imposer le même régime de débit et d'organisation aux arrosages des différentes régions de la France. Avant de juger une méthode d'arrosage, le propriétaire, comme l'adminstrateur, doit en faire une étude extrêmement approfondie et se défier de toute opinion préconçue contre les pratiques d'une longue expérience.

En matière de règlements d'eau pour l'agriculture les habitudes locales doivent être prises en sérieuse considération ; elles touchent à des intérêts considérables et dignes de respect, alors même qu'ils paraissent excessifs dans leurs exigences.

EXPÉRIENCES

SUR

LES LIMONS

CHARRIÉS PAR LES COURS D'EAU.

(1ᵉʳ MÉMOIRE 1864.)

INTRODUCTION.

«De semblables recherches (sur les limons), faites sur
«les différentes rivières, auraient un grand degré d'uti-
«lité en montrant ce que l'on peut espérer des retenues
«de leurs eaux pour combler les terrains bas et les amé-
«liorer.»

(DE GASPARIN, *Agriculture*, t. 1ᵉʳ, p. 216.)

Objet des recherches. — J'ai cherché à montrer, dans le
mémoire précédent, la valeur et le rôle en agriculture des
matières dissoutes dans les eaux naturelles. J'essayerai,
dans celui-ci, de donner des indications analogues sur les
matières solides que les fleuves et les rivières tiennent en
suspension dans leurs eaux.

La fertilité proverbiale des limons déposés chaque année
par le Nil sur les plaines de l'Egypte, et les bénéfices des
opérations de colmatage ont appelé, de tout temps, l'attention des agronomes sur les avantages que l'agriculture peut
attendre d'un judicieux emploi des matières solides entraînées par les eaux. D'un autre côté, on n'a pas été sans remarquer que les inondations désastreuses qui ravagent à
intervalles irréguliers nos contrées du centre et du midi, ne

sont pas toujours sans compensation. Il existe de nombreux exemples d'une fertilisation exceptionnelle des sols inondés produite par le limon que le fleuve y laisse en se retirant.

La fertilisation des terres arables, et la réduction des crues des cours d'eau torrentiels, c'est-à-dire la solution du problème des inondations, dont se préoccupe si vivement le public et l'administration des ponts et chaussées, sont donc deux questions liées entre elles de la manière la plus intime. Aussi ne doit-on pas s'étonner de voir les agronomes et les ingénieurs, de Gasparin et Polonceau, pour ne citer que les plus illustres, signaler à l'envi l'emploi des limons comme le seul moyen de faire tourner au profit de l'agriculture et de la richesse publique l'action si redoutée des torrents et des fleuves les plus dangereux.

Ces idées si simples, et si souvent reproduites, n'ont reçu cependant, jusqu'à présent dans notre pays, que des applications assez bornées. Lorsqu'on cherche à les approfondir et à préciser leur importance, on reconnaît malheureusement qu'il n'a été fait sur la quantité et la nature des limons de nos cours d'eau que des observations peu nombreuses et presque toujours isolées ; en un mot, que les données numériques nécessaires à des études sérieuses et détaillées font presque complétement défaut aux agriculteurs aussi bien qu'aux ingénieurs. J'ai cherché à combler en partie cette lacune regrettable en apportant quelques chiffres positifs dans une discussion où l'on ne peut avancer avec sûreté sans des données préalables parfaitement certaines.

C'est ainsi que j'ai été conduit à faire à la fois deux séries d'expériences, l'une ayant pour objet l'étude de l'emploi des eaux claires dans les irrigations, l'autre l'emploi des eaux limoneuses au colmatage et à la fertilisation des terres.

Les troubles dont il s'agissait d'apprécier l'utilité et l'importance varient d'un jour à l'autre, dans leur proportion par mètre cube d'eau, dans leur composition, dans leur quantité absolue, subordonnée elle-même au chiffre du débit (1). Pour obtenir des résultats exacts dans leur ensemble, il faut donc organiser des *séries continues* d'observations et déterminer, dans chaque expérience : 1° la quantité de limon déposé par un même volume d'eau ; 2° la nature de ses éléments minéraux ou organiques ; 3° le débit du cours d'eau objet de l'expérience, au moment même de la prise de l'échantillon.

Les expériences ainsi conduites exigent beaucoup de temps et des moyens d'observation difficiles à réunir. Aussi n'ai-je encore étendu mes études qu'à la Durance, à un canal d'irrigation, à la Loire et à quelques-uns de ses affluents, bien que je poursuive ces recherches depuis 1858.

Les résultats de cette longue série d'études font l'objet de ce travail. Sans qu'il soit nécessaire de s'arrêter à l'examen d'applications particulières, ils établiront, je l'espère, d'une manière plus précise et plus positive qu'on ne l'a fait jusqu'à présent, les avantages que l'agriculture peut attendre de l'emploi général des limons charriés par les eaux, et la nécessité de tenir compte de la valeur de ces précieuses matières dans les recherches relatives au problème des inondations.

(1) Le dosage quotidien des limons entraînés par un cours d'eau permet de reconnaître s'il exhausse ou s'il affouille son lit entre deux points déterminés, question souvent fort obscure et dont les ingénieurs comprendront tout l'intérêt pratique. On conçoit, en effet, que le cours d'eau est fixé, qu'il comble, ou qu'il corrode son lit, selon que les troubles passant à la station d'aval sont égaux, inférieurs ou supérieurs à ceux qui passent à la station d'amont, augmentés du produit des troubles des affluents intermédiaires.

CHAPITRE 1er.

LA DURANCE.

Mode d'observation. — La Durance, dont je m'occuperai d'abord, se présentait naturellement à mon choix pour bien des motifs. Les canaux de Perthuis, de Crillon, de Craponne et plusieurs autres, au nombre de dix-huit en tout, lui empruntent à l'étiage près de 69 mètres cubes d'eau par seconde, de sorte qu'il ne reste plus que 23 mètres cubes, même en tenant compte des reprises, pour les canaux d'arrosage restant à exécuter. C'est pour ainsi dire la seule rivière de France dont les eaux soient utilisées sur une grande échelle pour les irrigations ; elle offre à chaque pas les enseignements pratiques les plus utiles et les plus variés.

Les observations ont été faites en tête du canal de Carpentras, à Mérindol. Chaque jour, à midi, on puisait de l'eau dans la rivière à l'aide d'une mesure en fer-blanc d'une capacité de litre 1,336. Le liquide était immédiatement versé dans un grand vase en terre cuite vernie, fabriqué exprès, à formes intérieures arrondies et garni à une certaine hauteur d'un robinet. A la fin du mois on laissait reposer, on décantait et on réunissait dans un flacon de verre le dépôt boueux qui m'était expédié. Un second vase semblable au premier recevait les échantillons journaliers pendant les opérations que l'on vient d'indiquer.

Le liquide boueux, à son arrivée au laboratoire, était filtré à travers deux filtres en papier placés l'un dans l'autre. Ces deux filtres, avant leur emploi, étaient ajustés de manière à se faire équilibre dans les deux plateaux d'une balance d'analyse.

Le produit de la filtration était desséché dans le vide à la température ordinaire, et quand le poids ne variait plus d'un jour à l'autre, on plaçait le filtre intérieur dans le plateau de la balance où il avait été taré, et le filtre extérieur avec son contenu dans l'autre plateau. On obtenait ainsi très-exactement le poids de là vase recueillie pendant un mois d'observation.

Il eût été préférable de recueillir chaque jour un volume d'eau plus considérable et de déterminer jour par jour la proportion et la composition des matières solides èn suspension, mais les moyens dont je disposais ne m'ont point permis d'opérer ainsi. Une discussion minutieuse des observations montre d'ailleurs que la méthode adoptée n'a pu produire qu'une petite erreur *en moins* sur la proportion des matières solides entraînées. Les chiffres auxquels nous arriverons, bien loin d'être exagérés, comme leur grandeur pourrait le faire supposer, sont donc au contraire un peu au-dessous de la vérité, ce dont il est bon d'être assuré dans des recherches de cette nature.

Au moment de la prise de l'échantillon, à midi, on observait et on notait l'état du ciel, la température de l'air et celle du liquide, la couleur de l'eau (1) et enfin la hauteur de la rivière à l'échelle de Mérindol.

Jaugeages. — Les jaugeages de la Durance, de ses affluents et des canaux qu'elle alimente, ont été, depuis une quinzaine d'années, l'objet de nombreux travaux de la part de MM. les Ingénieurs chargés du service de cette rivière (2). Ces opérations présentent de grandes difficultés et laissent toujours une certaine incertitude, par suite des changements continuels des formes du lit de la rivière par les déplacements des alluvions à chaque crue un peu forte.

Les calculs de débits réunis ici ont été déduits des opé-

---

(1) Les troubles gris viennent, dit on, des premières montagnes des Alpes ; les troubles blancs des points plus élevés, et les troubles jaunes des terrains ocreux des environs de Perthuis.

(2) Ces travaux ont été dirigés par MM. les ingénieurs ordinaires Delestrac, de Gabriac, Surell et Conte, sous les ordres de MM. les ingénieurs en chef Perrier, de Montricher, Gendarme de Bevotte et Auriol.

rations de jaugeage dont on vient de parler de la manière suivante (3).

La comparaison des hauteurs d'eau observées les mêmes jours aux échelles de Mirabeau et de Mérindol a permis de dresser une première table donnant les hauteurs de l'échelle de Mérindol correspondantes à celle de Mirabeau.

D'un autre côté, un grand nombre de mesures de débits de la Durance ont été faites à diverses hauteurs de l'échelle de Mirabeau. A l'aide de la table précédente et de ces jaugeages, il a été possible de dresser une table, ou plutôt de tracer une courbe des débits de la Durance à Mirabeau, répondant aux diverses hauteurs observées à Mérindol. Enfin, en retranchant des débits à Mirabeau les prises, variables avec les saisons, des canaux s'ouvrant entre Mirabeau et Mérindol, on a pu obtenir avec l'exactitude que comportent des mesures de cette nature, les débits de la Durance à Mérindol pour chaque hauteur d'eau observée à l'échelle de cette localité.

Sans entrer dans de plus grands détails sur ces calculs fort longs et très-laborieux, on conçoit comment on a pu évaluer jour par jour les débits de la Durance à l'aide de l'échelle de Mérindol. Les observations et les calculs journaliers seraient trop longs pour trouver place ici.

Poids et volume des limons entraînés. — Les débits mensuels, calculés comme on vient de le dire et rapprochés des résultats des pesées des limons recueillis dans les périodes correspondantes, permettent de dresser le tableau récapitulatif suivant :

(3) Je dois à l'obligeante amitié de M. Conte la communication des éléments de ces calculs. Je lui dois aussi d'avoir pu organiser les observations d'une manière régulière.

PÉRIODES des observations.	DÉBITS correspondants.	NOMBRE des jours d'observation.	VOLUME de l'eau recueillie.	POIDS du limon recueilli.	POIDS du limon par mètre cube	POIDS du limon entraîné pendant la période	VOLUME du limon en mètres cubes de 1600 kil.
	m. cub.		lit.	gr.	gr.	kil.	m. cub.
Du 1er novembre 1859 au 29 février 1860.	3.220.387.200	121	161.656	54.738	338.610	1.090.455.310	681.534
Du 1er au 31 mars 1860...............	626.400.000	31	41.416	12.418	299.835	187.816.644	117.385
Du 1er au 30 avril 1860...............	1.072.051.200	30	40.080	32.900	820.850	879.993.228	549.995
Du 1er au 31 mai 1860...............	1.973.462.400	31	41.416	70.498	1.702.192	3.359.211.910	2.099.507
Du 1er au 30 juin 1860...............	1.668.988.800	30	40.080	80.481	2.008.008	3.351.342.862	2.094.589
Du 1er au 31 juillet 1860	689.040.000	31	41.416	16.613	401.125	276.391.170	172.744
Du 1er au 31 août 1860	341.280.000	31	41.416	8.254	199.291	68.014.032	42.508
Du 1er au 30 septembre 1860..........	1.426.204.800	30	40.080	145.605	3.632.859	5.181.200.944	3.238.250
Du 1er au 31 octobre 1860	1.171.065.600	31	41.416	117.730	2.842.621	3.328.895.667	2.080.559
Totaux.................	12.188.880.000	366				17.723.321.767	11.077.071

La moyenne mensuelle du poids des matières solides entraînées par mètre cube d'eau varie de 199^g,291 à 3632^g,859. La moyenne annuelle est de 1454 gr. par mètre cube (1).

Composition des limons. — Avant d'aller plus loin, il convient de faire connaître la composition de ces limons. Les résultats en centièmes des analyses sont résumés dans le tableau suivant : .

	1er nov. 1859 au 29 févr. 1860.	Mars 1860.	Avril 1860.	Mai 1860.	Juin 1860.	Juillet 1860.	Août 1860.	Sept. 1860.	Octob^{re} 1860.
Résidu argilo-silicieux insoluble dans les acides faibles.	46.050	49.100	45.550	45.150	48.400	40.550	44.300	51.600	49.550
Alumine et peroxyde de fer.	4.250	4.850	4.850	5.450	5.000	5.200	4.300	5.650	5.150
Carbonate de chaux	43.300	39.640	42.410	43.030	39.730	48.120	43.830	36.250	38.930
Azote	0.083	0.128	0.10	0.071	0.081	0.072	0.085	0.084	0.072
Carbone . . .	0.472	0.658	0.486	0.646	0.695	0.493	0.530	0.486	0.470
Eau combinée et produits non dosés. .	5.845	5.624	6.600	5.653	6.094	5.565	6.955	5.930	5.828
	100.000	100.000	100.000	100.000	100.000	100.000	100.000	100.000	100.000

L'expérience apprend que ces limons forment les dépôts les plus fertiles, et on n'insistera pas sur leur composition. On remarquera seulement que le maximum de la proportion de carbonate de chaux paraît être en juillet, et que la richesse en azote et en carbone est d'autant moindre, comme on pouvait le prévoir, que la quantité des troubles charriés est plus considérable.

Poids des éléments entraînés. — En combinant les chiffres des deux tableaux précédents, on forme le suivant, qui fait connaître le poids des principaux éléments entraînés par la Durance pendant la durée des observations.

(1) La richesse maximum mensuelle se rapproche beaucoup du maximum absolu, 4179^g par mètre cube, cité par quelques auteurs. Au contraire, notre moyenne annuelle, calculée comme elle doit l'être, en divisant le poids total du limon transporté par le débit total, est beaucoup plus fort que la moyenne ordinairement indiquée, qui a dû être obtenue en divisant les nombres déduits de quelques observations isolées par le nombre de ces observations, sans remarquer qu'aux troubles abondants répondent les grands débits.

PÉRIODES des OBSERVATIONS.	POIDS du limon entraîné pendant la période.	RÉSIDU argilo-silicieux sur		ALUMINE et peroxyde de fer sur		CARBONATE de chaux sur		AZOTE sur		CARBONE sur		EAU COMBINÉE et produits non dosés sur	
		100	la totalité.	100	la totalité.	100	la totalité.	100	la totalité.	100	la totalité	100	la totalité.
	k.		k.		k.		k.		k.		k.		k.
Du 1er nov. 1859 au 29 févr. 1860.....	1090455310	46.05	502154670.2	4.25	46344350.7	43.30	472167149.2	0.083	905077.9	0.472	5146949.1	5.845	63737112.9
Du 1er au 31 mars 1860............	187816644	49.10	92317972.2	4.85	9109107.2	39.64	74450517.7	0.128	240405.3	0.658	1235833.5	5.624	10562808.1
Du 1er au 30 avril 1860............	879993228	45.55	400836915.3	4.85	42679671.6	42.41	373205128.0	0.104	915193.0	0.486	4276767.1	6.600	58079553.0
Du 1er au 31 mai 1860............	3359211910	45.15	1516684177.4	5.45	183077049.1	43.03	1445468884.9	0.071	2385040.4	0.646	21700508.9	5.653	189896249.3
Du 1er au 30 juin 1860............	3351342862	48.40	1622049945.2	5.00	167567143.1	39.73	1331488519.1	0.081	2714587.7	0.695	23291832.9	6.094	204230834.0
Du 1er au 31 juillet 1860............	276391170	40.55	112076619.4	5.20	14372340.8	48.12	132999431.0	0.072	199001.6	0.493	1362608.5	5.565	15381168.6
Du 1er au 31 août 1860............	68014032	44.30	30130216.2	4.30	2924603.4	43.83	29810550.2	0.085	57811.9	0.530	360474.4	6.955	4730375.9
Du 1er au 30 septembre 1860.....	5181200944	51.60	2673499687.1	5.65	292737853.3	36.25	1878185342.2	0.084	4352208.8	0.486	25180636.6	5.930	307245216.0
Du 1er au 31 octobre 1860............	3328895667	49.55	1649467803.0	5.15	171438126.8	38.93	1295939083.2	0.072	2396804.9	0.470	15645809.6	5.828	194008039.5
Totaux	17723321767		8599118006.0		930250246.0		7033714605.5		14166131.5		98201420.6		1047871357.3

Remarques sur le volume du limon. — Le premier résultat qu'il y ait lieu de signaler dans le premier des deux tableaux qui précèdent a trait à l'importance du poids et du volume du limon entraîné. Pendant l'année des observations, qui a été plutôt au-dessous qu'au-dessus de la moyenne, sous le rapport des crues, le poids total des limons charriés par la Durance devant Mérindol, du 1er novembre 1859 au 31 octobre 1860, pour un débit total de 12,188,880,000 mètres cubes d'eau, a été de 17,723,321 tonnes de 1,000 kil.

En admettant que ces limons déposés sur le sol pèsent en moyenne 1,600 kil. le mètre cube, ce qui ne doit pas s'éloigner beaucoup de la réalité, leur volume serait de 11,077,071 mètres cubes.

Un volume équivalent à un cube de 220 mètres de côté environ a donc été enlevé aux terrains supérieurs, et entraîné, sous forme de limon, dans les parties basses du cours de la rivière jusqu'à la mer.

Si ce limon se déposait entièrement sur le sol, il recouvrirait en un an d'une couche de $0^m,01$ d'épaisseur l'énorme surface de 110,770 hectares. S'il était amené sur la Camargue, il pourrait en combler les marais et la transformer en une plaine des plus fertiles en moins d'un demi-siècle.

Plusieurs des régions les plus riches du département de Vaucluse ont été formées, sans aucun doute, à des époques plus ou moins anciennes par des colmatages naturels de la Durance. Les terres si fertiles des communes de Cheval-Blanc, de Cavaillon, etc., ne doivent leur richesse qu'à une couche de limons, semblables à ceux qui nous occupent, déposée sur des terrains caillouteux d'une date plus ancienne. L'étendue de cette couche de limons est environ de 25,000 hectares. Il faudrait beaucoup plus de sondages que je n'ai pu en faire pour évaluer son épaisseur moyenne et calculer son volume ; mais on peut affirmer qu'elle a pu se former en un temps assez court, sans qu'il soit nécessaire d'attribuer à la Durance une puissance de transport supérieure à celle qu'elle possède encore aujourd'hui, et dont nous venons de donner la mesure exacte.

De semblables résultats permettent de se rendre facilement compte de l'action des limons du Nil, qui exhaussent, comme on sait, le sol de l'Egypte environ d'un millimètre par an, et de la formation des terrains littoraux si étendus de l'embouchure de certains fleuves.

Un dernier rapprochement sera facile à saisir, et fera mieux comprendre encore la véritable signification des chiffres qui précèdent.

On regarde comme très-fertile, dans le département de Vaucluse, les terres arables qui possèdent $0^m,30$ d'épaisseur de ces précieuses alluvions, ou 3,000 mètres cubes par hectare. Le volume de limon entraîné en une année par la Durance à Mérindol représente donc la terre arable de $\dfrac{11,077,074^{mc}}{3000} = 3,692$ hectares de ces sols de première qualité, très-supérieurs à la moyenne de nos terres de première classe ou près des deux centièmes de la surface arable d'un département moyen (1). En cinquante ans, les eaux de la Durance entraînent donc une quantité de sol arable égale à celle d'un département français.

La désagrégation des parties dénudées du territoire prépare sans cesse ces précieuses alluvions, que les cours d'eau entraînent aujourd'hui sans profit. Il appartient à l'homme de les utiliser à la transformation des plaines arides et caillouteuses que dominent les cours d'eaux limoneux, et au renouvellement continu de la fertilité des terres cultivées. Le relief naturel du sol a suffi pour déterminer le dépôt des limons qui forment aujourd'hui plusieurs de nos plus riches vallées. Imiter ces exemples et ne pas laisser perdre dans la profondeur des mers de tels éléments de richesse et de fertilité n'est point au-dessus des ressources

____

(1) Les céréales et les cultures diverses proprement dites occupent en France $13900262 + 3442239 = 17342504$ hectares, ou 201652 hect. par département moyen. Or, $\dfrac{3692}{201652} = 0,018$.

de la science, et la solution du problème des inondations aura fait un grand pas quand les intérêts agricoles y prendront une part plus large (1).

Remarques sur la composition chimique. — La composition chimique des limons donne lieu à des observations d'une autre nature. On a vu, p. 8, que les 17,723,321 tonnes de matières solides entraînées par an par la Durance, à Mérindol, sont formées de 9,529,368 tonnes d'argile, de 7,033,714 tonnes de carbonate de chaux, de 14,166 tonnes d'azote, de 98,201 tonnes de carbone, et enfin de 1,047,871 tonnes d'eau combinée ou matières diverses, le tout réuni dans les conditions les plus favorables à la constitution des terres arables les plus fertiles.

Une seule rivière entraîne donc par an plus de 14,000 tonnes d'azote, à l'état de combinaison le plus convenable au développement de nos plantes cultivées, alors que l'agriculture achète au dehors, aux prix des plus grands sacrifices, d'autres matières azotées, et que l'importation du guano, qui fournit à peine cette quantité d'azote chaque année à l'agriculture française, lui coûte une trentaine de millions de francs.

La quantité de carbone contenu dans les limons exige quelques explications.

On admet ordinairement qu'il s'établit dans notre atmosphère un certain équilibre entre le volume d'acide carbonique décomposé par les parties vertes des plantes et l'acide carbonique produit par la respiration des animaux, la combustion lente des matières organiques en décomposition, et surtout la combustion lente du carbone engagé dans la constitution de la terre végétale. Le carbone passerait ainsi de l'acide carbonique gazeux de l'atmosphère à

(1) Voir de Gasparin, *Mémoires sur les débordements du Rhône*, comptes rendus de l'Académie des sciences, tome XVIII, page 104. L'auteur, par des considérations d'un ordre différent, arrive à des conclusions semblables à celles qui ressortiraient de ce travail, mais que nous ne pouvons développer en ce moment.

l'état de matières organiques, pour se transformer ensuite de nouveau en acide carbonique destiné à l'alimentation de nouvelles générations de plantes. De sorte que la masse totale de carbone en circulation, pour ainsi dire, entre la terre et l'air pourrait être la même pendant une période de siècles en quelque sorte illimitée.

L'entraînement à la mer de la terre végétale peut apporter de notables changements à cette succession de phénomènes. Il paraît probable, en effet, jusqu'à preuve contraire, que le carbone des limons entraînés dans la profondeur des mers se transforme en acide carbonique beaucoup plus lentement qu'il ne le ferait à la surface du sol. Chaque kilogramme de carbone entraîné avec les limons au fond de la mer se trouve donc soustrait, pour ainsi dire, à la circulation dont on parlait tout à l'heure. Cette action paraît, à la longue, pouvoir diminuer la proportion d'acide carbonique contenu dans l'atmosphère, si d'autres phénomènes ne compensent pas cet effet.

Les anciens dépôts de houille, de lignite et de tourbe, qui ont immobilisé une portion considérable du carbone circulant autour du globe, ne sont donc pas les seuls représentants de l'acide carbonique qui a passé à travers notre atmosphère. Il faut y ajouter cette matière organique particulière que les fleuves entraînent sous nos yeux avec les limons qu'ils charrient.

Les limons charriés en un an par la Durance, devant Mérindol, contiennent, comme on l'a vu, 98,201 tonnes de carbone; en supposant qu'ils se perdent en totalité dans la profondeur des mers, et qu'ils n'y éprouvent qu'une combustion lente, nulle ou très-faible, ce poids de carbone se trouve enlevé à la terre végétale, et par suite à l'atmosphère. Or, il représente 360,070 tonnes d'acide carbonique, ou la quantité de ce gaz contenue dans environ 1,200,000,000 tonnes d'air normal, ou enfin dans un prisme d'air de 100 mètres de hauteur; et de 930,232 hectares de superficie. Cette masse d'air est très-notable quand on pense qu'il s'agit d'un seul cours d'eau charriant des limons pendant une seule année.

Comparée à la quantité de carbone fixée par les forêts, la composition des limons de la Durance conduit à un chiffre non moins remarquable. Une forêt en pleine végétation assimile environ 2000 tonnes de carbone par hectare et par an. La Durance entraîne donc en une année autant de carbone que pourrait en fixer dans le même temps une forêt de 49,100 hectares, c'est-à-dire égale en étendue à 3 p. 100 environ de la surface totale du bassin de la Durance, qui est évalué à 1,340,000 hectares.

L'action continue d'effets de cette nature et la formation de dépôts de combustibles fossiles suffisent pour expliquer l'appauvrissement en acide carbonique que notre atmosphère paraît avoir subi depuis les anciennes périodes géologiques.

CHAPITRE II.

CANAL DE CARPENTRAS.

Emploi des limons. — Après avoir déterminé, avec toute la précision que ce genre d'expérience comporte, la quantité de limons entraînés par la Durance, et la proportion de leurs divers éléments, j'ai cherché à me rendre compte des résultats que donne leur emploi dans la pratique agricole. A cet effet, parmi les dix-huit canaux alimentés par la Durance, j'ai choisi le canal de Carpentras. On trouvera, dans cette seconde section de notre travail, des renseignements pratiques sur les applications des limons à l'amélioration des terres en culture qui n'auraient pu trouver place dans ce qui précède.

Mode d'observation. — Les observations ont été faites à l'échelle de Taillades à 16^k,5 de la prise d'eau de Mérindol. Elles ont été conduites de la même manière que celles de la Durance, si ce n'est que la capacité du vase servant aux puisages journaliers était de 1^l,327.

Jaugeage. — Le plafond du canal, au point considéré, a 5^m de largeur. Les talus sont inclinés à 45°. La pente est de 0,0004. La hauteur h observée à l'échelle donne la profondeur de l'eau. M. Conte a vérifié expérimentalement que le débit D du canal, dans ces conditions, est donné avec assez d'exactitude par la formule

$$D = 0,86 (5 + h) h \sqrt{h}.$$

A l'aide de cette formule et du cahier des observations journalières on a pu former le tableau n° 2 que son étendue ne permet pas de reproduire. Ce tableau est semblable à celui qui a été dressé pour la Durance. Il donne jour par jour la hauteur de l'eau, le débit du canal, la température de l'air et de l'eau, la couleur du liquide et l'état du ciel.

Il semble que les limons contenus dans les eaux du canal de Carpentras, alimenté par la Durance à Mérindol, devraient éprouver les mêmes variations que ceux de cette rivière. Mais il n'en est pas généralement ainsi. La série d'observations que nous reproduisons présente sous ce rapport beaucoup d'anomalies faciles, du reste, à expliquer, en remarquant qu'il s'agit d'un canal neuf, dont le régime n'est pas régulier, où les prises varient d'un jour à l'autre, où les dépôts se forment et se détruisent à chaque instant, suivant le débit du canal en chaque point, débit qui varie et avec le volume introduit et avec le volume dépensé. C'est ainsi que pendant les mois qui ont suivi le chômage, l'eau du canal a entraîné moins de troubles que l'eau de la Durance, tandis que pendant les derniers mois des observations, par suite des efforts faits pour nettoyer le canal avant l'hiver, elle a été beaucoup plus chargée que celle de la rivière elle-même.

Quoi qu'il en soit, les chiffres consignés dans le tableau n° 2 dont on a déjà parlé, combinés avec les pesées faites au laboratoire, permettent de dresser le tableau suivant, qui résume cette seconde série d'observations :

PÉRIODES des observations.	DÉBITS correspondants.	NOMBRE des jours d'observation.	VOLUME de l'eau recueillie.	POIDS du limon recueilli.	POIDS DU LIMON par mètre cube.	POIDS du limon entraîné pendant la période	VOLUME en mètres cubes de 1600 kil.
	m. cub.		lit.	gr.	gr.	kil.	m. cub.
Du 1er novembre 1859 au 31 janvier 1860 (1).....	39.037.844	81	107.487	86.698	806.59	31.487.567	19679.7
Du 1er au 30 avril 1860..	12.065.336	26	34.502	17.628	510.93	6.164.542	3852.8
Du 1er au 31 mai 1860(2):	14.303.198	26	34.502	44.415	1287.31	18.412.650	11507.9
Du 1er au 30 juin 1860...	23.632.273	30	39.810	61.600	1547.34	36.567.161	22854.5
Du 1er au 31 juillet 1860.	25.940.945	31	41.137	46.540	1131.34	29.348.028	18342.5
Du 1er au 31 août 1860 ..	25.940.945	31	41.137	5.605	136.25	3.534.454	2209.0
Du 1er au 30 sept. 1860..	8.676.245	30	39.810	296.360	7444.36	64.589.091	40368.2
Du 1er au 31 oct. 1860...	5.995.020	31	41.137	209.330	5088.60	30.506.259	19066.4
Totaux................	155.591.846	286				220.609.752	137881.0

(1) Chômage du 16 au 26 décembre. Les limons de février n'ont pas été recueillis. Chômage du 26 février au 4 avril.

(2) Chômage du 14 au 18 mai.

La moyenne mensuelle du poids des matières solides entraînées par mètre cube d'eau passant dans le canal de Carpentras à Taillades varie de $136^g,25$ à $7444^g,36.$ La moyenne générale des observations donne pour le poids moyen annuel des matières solides entraînées par mètre cube d'eau :

$$\frac{220,609,752^k}{155,591,846} = 1^k,417$$

La moyenne des matières en suspension par mètre cube dans les eaux de la Durance à Mérindol, pendant la même période, a été de $1^k,501$, chiffre qui contrôle suffisamment celui obtenu à Taillades, quand on tient compte de la position des deux stations et des remarques faites sur le régime des eaux du canal.

Le poids total des limons charriés en 286 jours d'observations devant Taillades pour un débit total de 155,591,846^{mc} est de 220,609,752^k.

Le poids de ces limons après leur dépôt sur le sol est nécessairement assez variable, mais on ne doit pas s'écarter beaucoup de la vérité en admettant qu'ils pèsent 1600^k le mètre cube. Le volume de limons entraîné par les eaux du canal serait alors de 137,884^{mc}. Si l'on supposait que la totalité de ces limons se dépose sur le sol, ils pourraient donner une couche de 0^m,01 d'épaisseur sur 1378 hectares environ.

Malheureusement, il s'en faut de beaucoup ce que résultat soit atteint. On n'emploie généralement les eaux que pendant les mois d'arrosage, où elles sont ordinairement le moins chargées. D'un autre côté, l'eau sort rarement des terrains complétement éclaircie. Il est difficile, par conséquent, que la totalité des limons soit conservée par les terres, quand le sol n'est pas spécialement disposé pour le colmatage ou de manière à absorber toute l'eau par infiltration.

Les chiffres précédents, malgré cette observation, montrent l'importance des troubles charriés par les canaux dérivés de la Durance et l'utilité d'appeler plus particulièrement sur ce point l'attention des cultivateurs, afin qu'ils appliquent de plus en plus les eaux à la fertilisation des terres arides, et à l'amélioration continue des terres déjà cultivées.

Composition chimique des limons. — On reviendra dans un instant sur les applications immédiates de ces faits, mais il convient d'abord de terminer ce qui se rapporte à l'étude détaillée des limons du canal de Carpentras.

L'analyse des produits recueillis a donné pour leur composition en centièmes les chiffres suivants :

	1er nov. 1859 au 31 janv. 1860.	Avril 1860.	Mai 1860.	Juin 1860.	Juillet 1860.	Août 1860.	Sept. 1860.	Octob. 1860.
Résidu argilo-siliceux insoluble dans les acides faibles	46.800	46.000	46.450	45.900	48.700	49.750	52.750	52.750
Alumine et peroxyde de fer solubles	4.600	5.600	6.000	4.800	3.700	5.150	5.400	5.500
Carbonate de chaux . .	41.070	40.890	41.780	41.870	42.500	38.840	34.910	34.820
Azote	0.119	0.114	0.110	0.113	0.092	0.093	0.093	0.094
Carbone	0.926	0.777	0.680	0.702	0.572	0.599	0.490	0.604
Eau combinée et produits non dosés . . .	6.485	6.619	4.980	6.615	4.436	5.568	6.357	6.232
	100.000	100.000	100.000	100.000	100.000	100.000	100.000	100.000

Ces différents limons ont une composition minérale peu variable. Le carbonate de chaux présente un maximum en juillet et un minimum en septembre, comme on l'a indiqué dans la section précédente pour les limons de la Durance. La proportion de carbone p. 100 est un peu moindre que dans les limons de la Durance. La proportion d'azote paraît légèrement supérieure.

Ces derniers faits résultent de plusieurs causes faciles à apercevoir. D'abord, les débris organiques non décomposés flottent généralement à la surface de l'eau, s'échappent par les déversoirs et diminuent d'autant la proportion de carbone dans les limons. D'un autre côté, la combustion lente du carbone par l'oxygène de l'air a lieu énergiquement dans le canal, quelquefois à sec, et où le volume d'eau peu considérable et roulant sur lui-même se sature constamment d'air. D'ailleurs les limons les plus grossiers s'écoulent par les premières prises inférieures, et la fine matière organique azotée continuant son cours augmente par conséquent d'autant plus la richesse du limon que l'on s'éloigne davantage de l'origine du canal. Enfin, sur beaucoup de points, le canal peut recevoir quelques déjections de l'égout des chemins, etc.

Poids des éléments entraînés. — En réunissant les chiffres des deux tableaux qui précèdent, on peut calculer les poids des principaux éléments charriés par les eaux du canal de Carpentras à Taillades. On forme ainsi le tableau suivant :

PÉRIODES des observations.	POIDS du limon entraîné pendant la période.	RÉSIDU argilo-siliceux sur		ALUMINE et peroxyde de fer sur		CARBONATE de chaux sur		AZOTE sur		CARBONE sur		EAU COMBINÉE et produits non dosés sur	
		100	la totalité.	100	la totalité.	100	la totalité.	100	la totalité.	100	la totalité.	100	la totalité.
	k.		k.		k		k.		k.		k.		k.
Du 1er novembre 1859 au 31 janvier 1860	31487567	46.80	14736181.3	4.60	1448428.1	41.07	12931943.8	0.119	37470.2	0.926	291574.9	6.485	2041968.7
Du 1er au 30 avril 1860	6164542	46.00	2835689.3	5.60	345214.4	40.89	2520681.2	0.114	7027.6	0.777	47898.5	6.619	408031.0
Du 1er au 31 mai 1860	18412650	46.45	8552675.9	6.00	1104759.0	41.78	7692805.2	0.110	20253.9	0.680	125206.0	4.980	916950.0
Du 1er au 30 juin 1860	36567161	45.90	16784327.0	4.80	1755223.7	41.87	15310670.3	0.113	41320.9	0.702	256701.5	6.615	2418917.7
Du 1er au 31 juillet 1860	29348028	48.70	14292489.6	3.70	1085877.0	42.50	12472912.0	0.092	27000.2	0.572	167870.7	4.436	1301878.5
Du 1er au 31 août 1860	3534454	49.75	1758390.9	5.15	182024.4	38.84	1372781.9	0.093	3287.0	0.599	21171.4	5.568	196798.4
Du 1er au 30 septembre 1860.	64589091	52.75	34070745.5	5.40	3487810.9	34.91	22548051.7	0.093	60067.9	0.490	316486.5	6.357	4105928.5
Du 1er au 31 octobre 1860....	30506259	52.75	16092051.6	5.50	1677844.2	34.82	10622279.4	0.094	28675.9	0.604	184257.8	6.232	1901150.1
Totaux	220609752		109122551.1		11087181.7		85472125.5		225103.6		1401233.2		13291622.9

En résumé, les eaux du canal de Carpentras ont entraîné devant Taillades, en 286 jours d'observations pendant l'année 1859-1860, un poids total de 220,609,752^k de limon, composé de 120,210 tonnes de matières argileuses, de 85,472 tonnes de carbonate de chaux, de 225 tonnes d'azote, de 1401 tonnes de carbone et enfin de 13,292 tonnes d'eau combinée et de matières diverses. Le tout combiné et mélangé dans les conditions qui constituent les terres arables les plus fertiles.

Sur cette masse de matières fertilisantes, l'agriculture n'utilise guère qu'une partie des limons des eaux de mai à septembre; on peut donc dire avec certitude que le colmatage n'est point assez généralement appliqué, ce qui est d'autant plus regrettable, que les arrosages d'été payant, et au delà, les frais de construction et d'entretien du canal, les colmatages pourraient n'avoir à supporter pour ainsi dire que les frais de main-d'œuvre nécessaires à leur exécution. Quelques exemples remarquables de travaux de cette espèce existent déjà dans le pays, et toutes les garigues irrigables des environs de Perthes pourraient être transformées, en quelques années, en terres de première classe par l'emploi de ces précieux limons aujourd'hui si incomplétement utilisés.

Applications à l'irrigation. — En poursuivant cette étude, nous arrivons enfin aux pratiques agricoles elles-mêmes, c'est-à-dire à l'examen de diverses cultures irriguées, où l'on met à profit les eaux chargées de limon fournies par le canal.

Les arrosages d'une prairie de Taillades ont donné les nombres suivants (1) :

(1) Voir ci-dessus, pages 25, 78 et 79.

DATES DES ARROSAGES	VOLUMES par arrosage pour un hectare		MATIÈRES en suspension pour un hectare.		MATIÈRES en suspension par mètre cube d'eau.	
	Entrée.	Sortie.	Entrée.	Sortie.	Entrée.	Sortie.
	mc.	mc.	kil.	kil.	gr.	gr.
5 juin 1860	1829.8	512.4	2565.4	»	1402.01	»
26 juin	1480.3	164.2	4665.9	»	3151.99	»
3 juillet	1095.4	175.7	1550.1	83.4	1415.09	474.67
8 juillet	1292.8	187.9	2352.9	39.3	1820.00	209.15
14 juillet	1170.4	315.0	2667.4	459.5	2279.04	1458.73
21 juillet	1661.4	411.5	692.8	35.4	416.99	86.02
28 juillet	1148.4	203.8	671.8	8.1	584.08	39.74
4 août	852.8	134.6	817.9	22.7	959.07	26.61
9 août	1190.7	241.5	200.0	14.7	167.96	12.34
17 août	1458.5	275.9	528.6	19.9	358.99	72.12
25 août	1050.6	208.4	127.1	2.1	120.97	13.94
1er septembre	1275.8	228.0	252.6	3.9	197.99	17.10
13 septembre	875.9	120.0	199 4	95.0	227.65	791.66
	16382.8	3178.9	17286.9	784.0		

Les moyennes mensuelles des proportions de troubles contenus dans les eaux d'entrée déduites de ces quelques observations diffèrent beaucoup, comme il était facile de le prévoir, des moyennes générales résultant des observations faites sur le canal et rapportées page 14. La disposition des prises et des rigoles, l'ordre des arrosages et les jours des opérations doivent en effet modifier dans de très-fortes proportions les résultats. Ces faits, du reste, démontrent une fois de plus combien il est indispensable, dans les expériences agricoles, de faire des séries complètes d'observations pour chaque étude partielle, aussi bien que pour les phénomènes plus généraux. On aurait commis en effet des erreurs graves si l'on avait appliqué les observations faites sur les eaux du canal, en général, aux eaux servant à l'arrosage de la prairie. Réciproquement, les moyennes mensuelles déduites des observations isolées faites sur la prairie, appliquées au canal, auraient conduit à des résultats fort éloignés de la vérité.

Les observations de même nature faites sur une luzerne à Taillades (1) sont réunies dans le tableau suivant :

(1) Voir ci-dessus, pages 31, 88 et 89.

DATES DES ARROSAGES	VOLUMES par arrosage pour un hectare.		MATIÈRES en suspension pour un hectare.		MATIÈRES en suspension par mètre cube d'eau.	
	Entrée.	Sortie.	Entrée.	Sortie.	Entrée.	Sortie.
	mc.	mc.	kil.	kil.	gr.	gr.
5 juin 1860. . .	4458.6	»	3063.0	»	686.98	»
1er juillet. . . .	2431.9	»	14438.1	»	5936.96	»
5 juillet. . . .	4096.6	394.6	3621.3	145.2	883.97	367.96
14 juillet. . . .	4040.8	258.5	4675.2	134.9	1156.99	521.85
21 juillet. . . .	3440.5	352.2	966.8	61.6	281.00	174.90
28 juillet. . . .	3093.1	157.5	1246.5	50.4	402.99	320.00
9 août.	3440.5	185.2	928.9	27.0	269.98	145.78
17 août.	3727.3	275.2	1017.5	34.9	272.98	126.81
25 août.	3440.5	184.5	426.6	17.7	123.99	95.93
1er septembre . .	2840.4	130.5	178.9	6.9	62.98	52.87
13 septembre . .	2949.0	63.0	6989.0	106.0	2369.95	1682.53
	37959.2	2001.2	37551.8	584.6		

Ces chiffres donnent lieu aux mêmes observations que ceux du tableau précédent, soit qu'on les compare aux chiffres de ce tableau lui-même, soit qu'on les rapproche de ceux de la moyenne générale. Enfin, les observations faites (1) sur une culture de haricots à Taillades ont donné :

DATES des ARROSAGES.	VOLUMES par arrosage pour 1 hectare.	MATIÈRES en suspension pour 1 hectare.	MATIÈRES en suspension par mètre cube d'eau.
	m. c.	kil.	gr.
29 mai 1860	798.0	1658.2	2077.91
27 juin	2607.5	6406.6	2456.98
5 juillet	548.8	510.9	930.94
14 juillet	428.0	965.6	2256.07
21 juillet	436.9	137.2	314.03
28 juillet	306.5	153.8	501.79
	5125.7	9832.3	

Cette culture étant plus voisine du canal que les deux précédentes, la moyenne des matières en suspension pen-

(1) Voir ci-dessus, pages 35, 94 et 95.

dant le mois de juillet, résultant des quatre observations qui précèdent, se rapproche assez de la moyenne générale du mois donnée page 14 ci-dessus.

La composition chimique de ces limons, un peu variable d'un échantillon à l'autre, se rapproche beaucoup de la composition moyenne des limons du canal recueillis dans les mois correspondants. Afin d'abréger, on ne reproduira pas ici le détail de ces analyses. On dira seulement que la proportion d'azote est un peu moindre que dans le limon moyen du canal, parce que les prises se trouvant près du fond, reçoivent les parties les plus grossières du limon, qui sont les moins azotées, comme on l'a déjà expliqué.

Épaisseur du limon déposé. — Si l'on admet, comme précédemment, que le limon déposé sur le sol pèse 1600^k le mètre cube, on voit que la couche annuelle apportée par les eaux dans les trois expériences précédentes a été respectivement :

Pour la prairie de Taillades,

$$\text{une épaisseur de} \dots \dots \frac{17286,9 - 784,0}{1600 \times 10000} = 0^m,0010.$$

Pour la luzerne de Taillades,

$$\text{une épaisseur de} \dots \dots \frac{37551,8 - 584,6}{1600 \times 10000} = 0^m,0023.$$

Pour les haricots de Taillades,

$$\text{une épaisseur de} \dots \dots \frac{9832^k,3}{1600 \times 10000} = 0,0006.$$

Dans des cultures plus largement arrosées, l'exhaussement du sol est quelquefois beaucoup plus fort. On cite dans Vaucluse des prairies dont le sol s'élève, dit-on, d'un centimètre par an.

L'eau sortant des terrains soumis à nos expériences n'était point complétement éclaircie, ainsi qu'il arrive toujours dans la pratique, surtout quand les travaux ne sont point spécialement dirigés en vue du colmatage. Si l'on se reporte aux trois derniers tableaux qui précèdent, on voit que les rapports du poids du limon déposé sur le sol, au poids total du limon apporté par les eaux, sont respectivement :

Pour la prairie de Taillades, $\dfrac{17286,9 - 784,0}{17286,9} = 0,95.$

Pour la luzerne de Taillades, $\dfrac{37551,8 - 584,6}{37551,8} = 0,97.$

Ce rapport est égal à l'unité pour le champ de haricots; puisque toute l'eau est absorbée par le sol.

Ces trois expériences, faites dans des conditions aussi normales que possible, doivent se rapprocher assez des résultats que l'on obtiendrait en opérant sur l'ensemble des arrosages du canal de Carpentras. On peut donc admettre que, dans l'état actuel, les cultures arrosées qui nous occupent conservent les 0,97 des limons apportés par les eaux qu'elles reçoivent. Mais les arrosages ayant lieu au plus de mai à septembre, les limons apportés par les eaux à Taillades, dans cette période, forment un total de 152451384^k, dont il reste sur le sol $0,97 \times 152451384 = 147877842$. Le poids total des limons charriés étant de 220609752^k dans la période des observations, on voit que le rapport des limons utilisés aux limons charriés est seulement

$$\frac{147877842}{220609752} = 0,67.$$

Ce rapport serait encore bien plus faible, si le mois de février et les quarante jours de chômage figuraient au tableau. On peut donc dire que la moitié environ des limons charriés par le canal ne sont point utilisés, et restent à la disposition des travaux de colmatage si utiles à entreprendre.

Application à la Durance. — En faisant des calculs analogues sur la Durance, on trouve qu'il serait facile d'utiliser par an $11077074^{mc} \times 0,97 = 10744758^{mc}$ de ses limons, si le volume de ses eaux à Mérindol était employé en totalité.

Mais, dans l'état actuel des choses, les canaux d'arrosage prennent au plus 69^{mc} d'eau par seconde (1), et ne les emploient que pendant les mois de mai à septembre. Le volume d'eau emprunté à la rivière par les canaux pendant cette période est égal à $153j \times 86400'' \times 69^{mc} = 912124800^{mc}$. D'un autre côté, si l'on se reporte au tableau de la page 138, et que l'on divise la somme des volumes des limons charriés par la Durance pendant les cinq mois considérés par son débit dans le même temps, on trouve que la richesse moyenne en limon est de $0^{mc},0012539145$ par mètre cube. En multipliant ce dernier chiffre par le débit des canaux et par le rapport, 0,97, obtenu ci-dessus du limon fixé sur le sol au limon apporté, on voit que les irrigations actuelles pourraient retenir : $0,97 \times 912124800^{mc} \times 0^{mc},0012539145 = 1109415^{mc}$.

Ce chiffre est beaucoup trop élevé, puisque le débit de 69^m par $1''$ est rarement atteint, et en tout cas fortement réduit pendant la nuit.

(1). Ce chiffre est celui des concessions ou droits d'usage existants, comme l'indique la liste suivante. Mais il est rare que tout ce volume soit pris à la fois, et la nuit on arrose peu.

Rive droite :

	m. cc.	
Canaux de Perthuis et de Cadenet....	3.00	Décret du 18 novembre 1854.
Canal de Villeneuve..................	0.60	Ancien canal non réglé.
— de Lauris........................	0.30	Id.
— de Carpentras....................	10.00	Décret du 13 février 1853.
Canaux de St-Julien et Cabedanvieux.	4.40	Décret du 21 février 1857.
Canal Crillon......................	4.00	Ordonnance du 28 nov. 1837 et décret du 23 juin 1853.
— de l'Hôpital....................	1.50	Ancien canal non réglé.
— Cambis.........................	1.40	Id.

Rive gauche :

Canal de Peyrolles..................	2.00	Ordonnance du 19 octobre 1843.
Canaux de Marseille et d'Aix.........	7.25	Loi du 4 juillet 1838.
Canal de Craponne..................	10.00	Ancien canal non réglé.
Canal des Alpines (anciennes concess..	10.80	Titres de diverses dates.
ou 1re br. septentrion..	5.00	Ordonnance du 11 avril 1839.
de Boisgelin.. (2e branche id..	5.00	Décret du 31 juillet 1850.
Canal de Sénas.....................	0.75	Ancien canal non réglé.
— de Cabannes....................	0.50	Id.
— Château-Renard................	1.50	Id.
— Saint-Andéol...................	1.00	Décret du 28 juin 1856.
	69.00	

Le rapport du limon utilisé au limon total est donc

$$\text{moindre que } \frac{1109415}{11077071} = 0,10.$$

Ainsi, les neuf dixièmes des limons de la Durance ne sont point utilisés et vont se perdre dans la mer. Un pareil chiffre dit assez combien il importe de multiplier les colmatages et de tenir compte des travaux de ce genre dans toutes les entreprises d'irrigation.

CHAPITRE III.

LA LOIRE ET QUELQUES-UNS DE SES AFFLUENTS.

Mode d'observation. — Les observations de cette dernière section sont extrêmement nombreuses, mais elles ne forment point de séries continues. Entreprises pour les besoins du service des études des inondations, qui n'avait à se préoccuper que du régime des crues, les échantillons n'ont été recueillis qu'en grandes eaux. La réunion de ces nombreux documents, qui n'avaient jamais été obtenus, offre cependant un grand intérêt et fournit des renseignements précis d'une utilité immédiate pour différents ordres de recherches.

Les échantillons d'eau trouble étaient recueillis par les agents du service des inondations dans des vases de capacité bien déterminée ; on notait, au moment de la prise, la hauteur de l'eau, la période de la crue, croissante, étale ou décroissante, la profondeur à laquelle on faisait le puisage du liquide, enfin le jour et l'heure de l'observation. On laissait l'eau s'éclaircir complétement et on expédiait au laboratoire le dépôt boueux obtenu.

Les résultats de ce travail sont réunis dans des tableaux

manuscrits portant les n°s 3, 4 et 5, et trop étendus pour trouver place ici.

Le tableau n° 3 contient les pesées et les analyses des troubles recueillis dans des conditions permettant de calculer le débit du cours d'eau (1). Les formules ou les tables de débit employées dans les calculs étaient assez exactes. Mais, à défaut de renseignements détaillés, j'ai dû prendre pour hauteur moyenne des eaux entre deux observations, la moyenne des hauteurs notées au moment de ces observations. Cette manière d'opérer ne serait exacte qu'autant que la croissance et la décroissance des eaux seraient proportionnelles au temps entre deux observations. Il n'en est point ainsi, en général. Les hauteurs successives des eaux entre l'étale et un instant quelconque de la crue étant portées en ordonnées, en prenant le temps pour abscisse, forment ordinairement une courbe convexe. La hauteur moyenne véritable des eaux entre deux observations est donc plus grande habituellement que la moyenne des hauteurs extrêmes employée dans mes calculs. Il en résulte que mes résultats sont un peu faibles en général, ce que j'ai préféré à un mode de calcul différent, qui aurait pu me donner des chiffres supérieurs à la vérité.

La quantité du limon recueilli dans chaque prise était ordinairement trop faible pour permettre une analyse complète. J'ai donc fréquemment réuni les troubles d'une même crue pour en faire l'échantillon moyen sur lequel a porté l'analyse.

Quelques troubles très-abondants contenaient du sable fin. Cette circonstance s'est présentée trop rarement pour qu'on s'y arrête.

La disposition des tableaux indique d'ailleurs suffisamment la marche des opérations pour qu'il soit utile de la décrire avec plus de détails.

Le tableau n° 4 comprend les pesées et les analyses des

(1) Les formules et les documents nécessaires à ces calculs m'ont été donnés par M. Comoy, inspecteur général des ponts et chaussées, auquel j'exprime ici toute ma reconnaissance.

limons recueillis dans des conditions bien définies de hauteur d'eau, mais dans des points où les formules de débit n'étaient pas assez bien établies pour qu'on ait pu leur accorder une pleine confiance. Ce tableau servira à compléter peu à peu le tableau n° 3, quand les jeaugeages auront pu se multiplier davantage.

Enfin le tableau n° 5 renferme, pour ne rien omettre, un petit nombre de chiffres relatifs à des limons qu'il n'a pas été possible d'analyser ou bien pour lesquels la hauteur de la crue ou quelque autre circonstance essentielle n'a pas été notée.

En jetant les yeux sur les tableaux 3, 4 et 5, on remarque combien les proportions et la nature des troubles varient d'une observation à l'autre. Pour une même hauteur de crue, suivant le point du bassin qui fournit la crue, selon la profondeur où l'on puise l'eau, selon la période de la crue, la proportion de troubles est différente. On comprend dès lors la nécessité de multiplier beaucoup ces observations et de les faire par séries continues pour obtenir des résultats donnant des totaux exacts.

Pour ne pas trop compliquer les tableaux, on n'a pas fait figurer dans les analyses la proportion de carbonate de magnésie, mais cette substance a presque toujours été déterminée. Ce composé est quelquefois en proportion presque égale et même supérieure à celle du carbonate de chaux, surtout dans les limons des affluents supérieurs.

Poids des limons. — Il serait impossible de résumer sous une forme abrégée ces nombreuses expériences, qui ont chacune leur signification individuelle; on se bornera, pour donner seulement une idée du travail, à récapituler quelques observations faites en temps de crue sur les limons de la Vienne à Châtellerault et de la Loire à Tours.

DATES des OBSERVATIONS.	HAUTEURS extrêmes des eaux pendant la période.		DÉBIT moyen en 24 heures pendant la période.	POIDS MOYEN du limon par mèt. cubes d'eau pendant la période.	POIDS MOYEN du limon entraîné en 24 heures pendant la période.	VOLUMES MOYENS du limon en mèt. cubes de 1600 kil. entraînés en 24 heures pendant la période.
LA VIENNE AU PONT DE CHATELLERAULT.	m.	m.	mc.	gr.	k.	mc.
Du 4 au 5 avril 1858	0.83	à 0.95	9128492	72.9	665634	416
Du 27 au 29 décembre 1858.	1.40	à 2.75	27142300	495.2	13442839	8402
Du 14 au 16 avril 1859	1.21	à 1.70	16731242	78.7	1316338	823
22 octobre 1859	2.90	à 3.60	49550400	482.5	23908334	14942
31 octobre au 3 nov. 1859 ..	1.60	à 5.50	61056000	187.2	11433508	7146
Du 22 au 27 décembre 1859.	1.40	à 2.15	21461760	125.0	2683580	1646
Du 5 au 7 janvier 1860....	2.00	à 3.45	41472000	99.0	4106283	2566
Du 22 au 23 janvier 1860 ..	2.18	à 2.70	32112000	111.1	3566710	2229
Du 25 au 26 janvier 1860 ..	2.62	à 3.35	44208000	67.2	2973420	1858
Du 30 janv. au 1er fév. 1860,	3.00	à 3.38	47905200	55.3	2653819	1658
Du 10 au 11 février 1860...	1.70	à 2.20	24652800	67.1	1653353	1033
Du 24 au 25 septembre 1860	1.35	à 2.75	30109200	212.4	6478501	4049
Du 11 au 12 décembre 1860	1.75	à 2.70	29931429	294.8	8824210	5515
26 déc. 1860 au 1er janv. 1861	2.00	à 3.85	41212800	75.1	3093055	1933
LA LOIRE AU PONT DE TOURS.						
30 déc. 1859 au 3 janv. 1860.	2.03	à 3.17	136084000	319.4	43473364	27171
Du 8 au 11 janvier 1860...	2.10	à 2.65	100800000	467.0	47077660	29423
Du 30 janv. au 7 fév. 1860.	2.03	à 3.30	120366000	169.1	20354749	12097
Du 1er au 7 mars 1860......	2.03	à 3.36	123552000	193.4	23900846	14938
Du 9 au 12 avril 1860......	2.07	à 2.60	98928000	231.7	22927363	14329
Du 11 au 18 décembre 1860	2.05	à 2.74	97542620	114.3	11150575	6969
28 déc. 1860 au 8 janv. 1861.	2.03	à 3.87	147115636	119.4	17564081	10970
Du 16 au 18 mars 1861	2.01	à 2.31	87264000	169.8	14826132	9266
Du 22 au 28 mars 1861....	2.03	à 2.77	102528000	92.6	9502042	5939
Du 29 au 31 mars 1861	2.01	à 2.23	85104000	59.8	5094381	3183
Du 3 au 10 décembre 1862.	2.01	à 3.30	127316571	263.5	33547707	20967
Du 11 au 16 janv. 1863	2.00	à 2.70	87350400	151.6	13246740	8279
Du 18 au 26 janvier 1863..	2.00	à 2.10	78093626	56.1	4379660	2736

Composition chimique des limons. — Les tableaux manuscrits n°s 3 et 4 contiennent les détails de l'analyse de chaque limon; mais, pour donner, par quelques exemples, une idée de la nature et de la quantité des matières entraînées, comme on l'a fait dans les chapitres précédents, on reproduira dans la table suivante, en regard des quantités de limon données dans le tableau précédent, la composition de ce limon.

DATES DES OBSERVATIONS.	POIDS du limon entraîné en 24 heures.	RÉSIDU argilo-siliceux		ALUMINE et peroxyde de fer		CARBONATE de chaux		AZOTE		CARBONE		EAU COMBINÉE et produits non dosés	
	k.	pour 100	sur la totalité. k.	pour 100	sur la totalité. k.	pour 100	sur la totalité. k.	pour 100	sur la totalité. k.	pour 100	sur la totalité. k.	pour 100	sur la totalité. k.
LA VIENNE AU PONT DE CHATELLERAULT. —													
Du 4 au 5 avril 1858	665634	58.60	390061	15.60	103839	0.20	1331	0.76	5059	6.90	45929	17.94	119415
Du 27 au 29 décembre 1858	13442839	61.06	8208495	14.86	2007816	0.84	113377	0.52	69507	4.67	627206	18.05	2416438
Du 14 au 16 avril 1859	1916338	56.30	741098	15.70	206665	1.40	18429	0.78	10267	7.00	92144	18.82	247735
Le 22 octobre 1859	23908334	61.10	14706154	18.00	4293684	0.45	112496	0.43	102102	3.37	818196	16.65	3875704
Du 31 octobre au 3 novembre 1859	11433508	59.90	6848672	18.40	2103765	3.00	343005	0.39	44591	3.17	362442	15.14	1731033
Du 22 au 27 décembre 1859	2683580	62.20	1669187	13.00	348865	7.10	190534	0.31	8319	3.66	98219	13.73	368456
Du 5 au 7 janvier 1860	4106283	61.10	2508939	14.40	591305	4.40	180676	0.47	19299	4.69	192585	14.94	613479
Du 22 au 23 janvier 1860	3566710	56.90	2029458	13.40	477940	3.10	110568	0.38	13553	6.96	247243	19.26	686948
Du 25 au 26 janvier 1860	2973420	64.60	1920829	12.60	374651	2.80	83256	0.50	14867	3.19	94852	16.31	464965
Du 30 janvier au 1er février 1860	2653819	59.80	1586984	13.80	366227	2.00	53076	0.56	14861	5.40	143307	18.44	489364
Du 10 au 11 février 1860	1653353	60.30	996972	14.90	246349	1.50	24800	0.46	7605	4.44	73409	18.40	304218
Du 24 au 25 septembre 1860	6478501	57.86	3748084	10.37	672926	3.56	230713	0.57	36679	6.93	448568	20.71	1341441
Du 11 au 12 décembre 1860	8824210	61.00	5382768	12.50	1103026	5.20	458859	0.43	37944	3.36	296494	17.51	1545119
Du 26 décemb. 1860 au 1er janv. 1861	3093055	59.50	1840368	15.60	482516	0.96	29693	0.72	22270	4.44	137332	18.78	580876

DATES DES OBSERVATIONS.	POIDS du limon entraîné en 24 heures.	RÉSIDU argilo-siliceux		ALUMINE et peroxyde de fer		CARBONATE de chaux		AZOTE		CARBONE		EAU COMBINÉE et produits non dosés	
		pour 100	sur la totalité.	pour 100	sur la totalité.	pour 100	sur la totalité.	pour 100	sur la totalité.	pour 100	sur la totalité.	pour 100	sur la totalité.
LA LOIRE AU PONT DE TOURS. —	k.		k.		k.		k.		k.		k		k.
Du 30 décemb. 1859 au 3 janvier 1860	43473364	76.35	33193728	8.40	3650895	2.05	891393	0.21	93448	1.70	736734	11.29	4907166
Du 8 au 11 janvier 1860	47077660	67.40	31730343	11.60	5461009	2.80	1318174	0.36	169479	4.68	2203235	13.16	6195420
Du 30 janvier au 7 février 1860	20354749	68.60	13963358	9.10	1852282	5.00	1017737	0.29	59029	2.63	535380	14.38	2927013
Du 1er au 7 mars 1860	23900846	66.60	15917964	11.90	2844201	2.20	525319	0.41	97993	3.71	886721	15.18	3628148
Du 9 au 12 avril 1860	22927363	66.10	15154987	13.20	3026412	1.80	412692	0.37	84831	2.44	559428	16.09	3689013
Du 11 au 18 décembre 1860	11150575	68.10	7593542	11.30	1260015	0.90	100355	0.36	40142	3.25	362394	16.09	1794127
Du 28 décembre 1860 au 8 janv. 1861	17564081	59.00	10362810	10.30	1809100	4.50	790383	0.61	107141	6.22	1092486	19.37	3402162
Du 16 au 18 mars 1861	14826132	67.50	10007639	10.20	1512266	2.70	400305	0.35	51891	4.43	656798	14.82	2197233
Du 22 au 28 mars 1861	9502042	66.20	6290352	12.00	1140245	2.40	228049	0.48	45610	4.83	458949	14.09	1338838
Du 29 au 31 mars 1861	5094381	65.10	3316442	11.60	590948	2.70	137548	0.61	31076	6.14	312795	13.85	705572
Du 3 au 10 décembre 1862	33547707	68.50	22980179	11.20	3757343	2.30	771597	0.35	117417	4.70	1576742	12.95	4344428
Du 11 au 16 janvier 1863	13246740	83.60	11074275	6.30	834545	2.00	244935	0.19	25169	0.69	91402	7.22	956414
Du 18 au 26 janvier 1863	4379660	57.90	2535824	10.30	451105	9.30	407303	0.55	24083	4.96	217231	16.99	744104

Les tableaux précédents montrent qu'une rivière, même peu limoneuse, entraîne par vingt-quatre heures des quantités véritablement énormes de matières solides, sans que ses eaux soient très-élevées au-dessus de l'étiage. Ainsi, par exemple, la Vienne, le 22 octobre 1859, avec des hauteurs de 2^m,90 à 3^m,60 à l'échelle de Châtellerault, entraînait assez de limon pour colmater 100 hectares par jour sur une épaisseur d'un centimètre et demi environ, et jetait à la mer dans ces conditions 102102^k d'azote et 818196^k de carbone. A la cote de 0^m,83 à 0^m,95, cette rivière pourrait encore limoner 40 hectares par jour sur une épaisseur d'un millimètre, et elle entraîne 5059^k d'azote et 45929^k de carbone.

Pour la Loire à Tours, les chiffres sont naturellement bien plus considérables encore. Ainsi, du 8 au 11 janvier 1860, pour des hauteurs de 2^m,10 à 2^m,65, le volume du limon entraîné était de 29423^{mc} par vingt-quatre heures, c'est-à-dire suffisant pour colmater 100 hectares sur une épaisseur de près de 3 centimètres. Du 18 au 26 janvier 1863, avec des eaux peu chargées et des hauteurs de 2^m,00 à 2^m,10 seulement au-dessus de l'étiage, le volume de limon perdu par vingt-quatre heures était encore de 2736 mètres cubes, représentant sur 100 hectares de superficie une couche de près de 3 millimètres de matières fertilisantes, contenant 24088^k d'azote et 217231^k de carbone.

Les hauteurs d'eau portées à ces tableaux n'ont d'ailleurs rien d'exceptionnel ; d'après les relevés graphiques de M. Comoy, la Vienne, à Châtellerault, est environ cinquante-quatre jours par an à plus d'un mètre au-dessus de l'étiage, et la Loire, à Tours, atteint et dépasse fréquemment 2 mètres. En négligeant même les troubles charriés en basses eaux, et qui sont souvent fort notables, on voit donc que c'est par millions de mètres cubes qu'il faut compter chaque année le volume des limons entraînés à la mer par la Loire et ses affluents.

Ces troubles ne sont pour ainsi dire utilisés nulle part et

se perdent dans la profondeur des mers, à l'exception du faible volume qui vient se déposer dans la baie de Noirmoutiers et former le sol des polders que l'on endigue peu à peu sur cette côte (1).

CHAPITRE IV.

VÉRIFICATIONS GÉOLOGIQUES ET RÉSUMÉ.

Avant de terminer ce travail, il convient de se demander si les résultats déduits de nos opérations analytiques sont comparables à ceux que l'on déduirait de l'observation synthétique de phénomènes plus ou moins anciens.

Quelques faits répondront à cette question.

Le rivage de la mer est maintenant à 25,000 mètres d'Adria, et paraît s'en être éloigné de 10 mètres par an depuis deux mille cinq cents ans (2). Il faudrait de nombreux sondages pour évaluer rigoureusement le volume du dépôt limoneux qui a produit cette modification du sol, mais il est facile de reconnaître que ce calcul conduirait à des chiffres de même ordre de grandeur que ceux indiqués dans ce travail.

Les embouchures du Rhône, du Rhin, du Pô, etc., ont éprouvé depuis les temps historiques des modifications non moins considérables par les dépôts successifs des matières charriées par les eaux.

Le sol de la vallée du Nil s'est élevé moyennement de $0^m,126$ par siècle, chiffre qui se rapproche de ceux donnés par nos observations sur les terrains irrigués du département de Vaucluse.

(1) *Du goëmon dans la culture des Polders*, par M. Hervé Mangon, Comptes rendus de l'Académie des sciences, séance du 29 août 1859.
(2) *Géologie pratique*, par M. Elie de Beaumont.

Ces exemples qu'on ne pourrait multiplier sans dépasser les bornes de ce travail, sont parfaitement en rapport avec les chiffres déduits des observations précédentes. Les forces de transport des cours d'eau actuels mesurées, comme on l'a fait dans ce mémoire, semblent donc tout à fait comparables, dans leur ensemble, à ce qu'elles sont depuis une longue période de siècles.

La terre végétale se forme quelquefois sur place par la décomposition des roches mêmes qui la supportent. Mais, en général, elle prend naissance par la désagrégation des roches dénudées sous l'action des intempéries et des agents chimiques de l'atmosphère, aidés par le développement des lichens et des mousses, dont la mission paraît être d'introduire pour la première fois la matière minérale inerte dans le cercle de la vie organique. Ces détritus, entraînés par les eaux torrentielles et mêlés à la terre labourée, que les grandes pluies délavent également, constituent les matières solides que charrient les cours d'eau.

Ainsi les limons que les fleuves transportent à la mer sont enlevés aux terres en culture ou bien aux surfaces dénudées du territoire. Dans le premier cas, l'agriculture, en ne les arrêtant pas, abandonne une partie de son capital le plus précieux, laisse échapper une partie de son domaine ; dans le second cas, elle réalise un manque à gagner, elle renonce à une conquête que la nature met si généreusement à sa disposition.

Sans revenir sur les faits nombreux exposés précédemment, il suffira, pour faire comprendre l'importance des ressources que les eaux limoneuses mettent au service de la culture, de rappeler qu'une seule de nos rivières, la Durance, transporte chaque année onze millions de mètres cubes de limons, contenant autant d'azote assimilable que cent mille tonnes d'excellent guano, autant de carbone que pourrait en fournir par an une forêt de quarante-neuf mille hectares d'étendue.

La Durance est de toutes nos rivières celle dont les eaux

sont les mieux utilisées, et cependant l'agriculture profite seulement d'un dixième de ses limons.

De semblables chiffres dispensent de tout commentaire ; ils disent assez la grandeur des ressources que l'agriculture peut attendre de l'utilisation des limons, pour le colmatage des lagunes et autres terrains submersibles, pour l'amélioration des terres pauvres et l'entretien de la fertilité du sol arable ; ils montrent la nécessité de tenir compte des intérêts agricoles dans la solution du problème des inondations ; ils indiquent l'utilité de recherches analogues faites sur nos grands fleuves, la Gironde, le Rhône et leurs affluents, dont les eaux pourraient trouver de si fructueuses applications ; ils fournissent, enfin, de précieux éléments à l'étude de la formation et de la distribution de la terre végétale en donnant la mesure de la puissance de transport des cours d'eau naturels et de la grandeur des effets que l'on peut attribuer à des actions semblables suffisamment prolongées.

Les matières solides entraînées par les cours d'eau offrent donc, à tous les points de vue, un vif intérêt au savant comme au praticien. C'est avec une grande raison et une rare perspicacité que M. de Gasparin attachait une si grande importance à l'étude de ces matières. Les limons sont en effet un des plus puissants moyens de créer ou d'améliorer la terre végétale, cette précieuse matière, source première de toute richesse, cette chair du globe terrestre, comme l'appelait si jutement un ingénieur illustre.

EXPÉRIENCES

SUR

LES LIMONS

CHARRIÉS PAR LES COURS D'EAU.

(2ᵉ MÉMOIRE 1869.)

INTRODUCTION.

Exposé. — La fertilité des limons charriés par les cours d'eau donne à leur emploi, pour l'amélioration des terres, une importance reconnue par tous les auteurs qui ont traité de l'utilisation des eaux en agriculture.

Les matières terreuses entraînées par les fleuves dans la profondeur des mers ont presque toujours, comme produits fertilisants, une valeur supérieure à la dépense qu'entraîneraient les travaux nécessaires pour les employer en colmatages ou en limonages. Ces travaux, convenablement dirigés, serviraient en même temps, à régulariser les crues des rivières et à prévenir les ravages causés par les débordements. De sorte que la solution du problème si complexe des inondations se trouve lié de la manière la plus intime et la plus directe, comme on l'a déjà dit, à l'utilisation agricole des terres fertiles que les eaux enlèvent sans cesse à la culture du pays.

La terre végétale, objet des constantes études de l'agriculteur, a été formée sur beaucoup de points du globe par

le travail des eaux. L'examen attentif des actions de ce
genre, qui se produisent encore sous nos yeux, est probablement le plus sûr moyen d'arriver à comprendre la
formation, dans le passé, d'une grande partie des terrains
dont la culture fait la richesse des peuples actuels.

Le travail incessant des eaux, à peine sensible à chaque
instant, mais prolongé dans la suite des siècles, modifie
peu à peu le relief des îles et des continents et tend à
combler le bassin des mers. Ce transport de masses
énormes de remblais à l'embouchure des grands fleuves
est peut-être une des causes qui tendent à troubler l'équilibre des terrains côtiers et qui produisent, avec le temps, les
mouvements généraux d'abaissement ou d'exhaussement des
bords de la mer, si nettement constatés sur divers points
du littoral de la France et d'autres parties de l'Europe. Dans
tous les cas, l'évaluation exacte du poids et du volume de
terre entraînée par les fleuves fournit à la géologie d'utiles
indications sur la forme des vallées, sur la formation des
deltas et sur les modifications des contours des côtes voisines des embouchures.

L'entraînement continuel à la mer de matières minérales
enlevées aux continents et de matières organiques formées
avec les éléments de l'air, est une des causes les plus
apparentes des modifications très-lentes, il est vrai, mais
incontestables, que subissent dans la suite des temps la
composition des eaux de la mer et la constitution de
l'atmosphère terrestre.

L'utilité pratique de l'étude des limons pour les travaux
agricoles et l'intérêt scientifique de l'examen de ces matières
m'ont engagé à poursuivre mes recherches sur ce sujet et à
publier cette 2e série d'expériences qui s'applique au Var,
à la Marne et à la Seine (1).

____

(1) Voir ci-dessus le 1er mémoire, page 132.

CHAPITRE Ier.

RECHERCHES FAITES A L'ÉTRANGER.

On possède un certain nombre d'observations isolées
sur la proportion de troubles contenus à un moment donné
dans un mètre cube d'eau. Mais cette proportion variant
d'un jour à l'autre, il est impossible d'obtenir des nombres
pouvant servir à des calculs sérieux d'applications agricoles ou scientifiques sans une série continue d'observations suffisamment prolongées. Il n'existe malheureusement
qu'un assez petit nombre de séries d'expériences de cette
espèce ; cependant, depuis la publication de mon premier
travail, j'ai eu connaissance de recherches analogues faites
à l'étranger. Avant de faire connaître mes propres essais,
je résumerai rapidement les travaux que j'ai pu me pro-
curer (1).

Les expériences faites sur les eaux du Mississipi ont été
fort nombreuses et forment une très-belle série (2). Les observations les plus suivies ont été faites à Carrolton par M.
le professeur Forshey. On puisait chaque jour un certain
volume d'eau et l'on pesait ensemble le limon séparé de la

______

(1) Il existe sans doute d'autres études sur ce sujet. Je serais recon-
naissant aux personnes qui s'occupent de ces questions de vouloir bien
me les signaler. — La société Batave de Rotterdam a mis deux fois au
concours depuis quelques années (question 132) l'étude des limons des
cours d'eau de la Hollande. Cet appel produira certainement des mémoires d'un haut intérêt.

(2) *Report on the Physics and hydraulics of the Mississipi river.....
...... prepared by captain A. A. Humphreys and lieut. H. L. Abbot.
— Philadelphia, J. B. Lippincott et C° 1861.*

réunion des volumes d'eau puisés pendant six jours consécutifs (on ne puisait pas d'eau le dimanche). Les expériences ont commencé le lundi de la troisième semaine de février 1851 et ont été poursuivies pendant 104 semaines, jusqu'au samedi de la 2e semaine de février 1853.

La plus forte proportion de limon a été de $1^k,748$ par mètre cube d'eau $\left(\frac{1}{572}\right)$ observée pendant la 4e semaine d'avril 1852. La plus faible proportion a été de $0^k,117$ par mètre cube $\left(\frac{1}{8584}\right)$ obtenue pendant la 3e semaine de novembre 1852.

La proportion moyenne a été de $0^k,553$ par mètre cube $\left(\frac{1}{1808}\right)$ pendant l'année 1851-1852 et de $0^k,690$ par mètre cube $\left(\frac{1}{1449}\right)$ pendant l'année 1852-1853. La densité de ce limon est 1,92 à 1,93.

Les observations faites à Columbus, où l'on distingue encore par leur teinte les eaux de l'Ohio et celles du Mississipi, bien que l'on soit à 20 kilomètres en aval de leur réunion, ont donné pour neuf mois d'expériences, de mars à novembre 1858 : au maximum $1^k,492$ par mètre cube d'eau $\left(\frac{1}{670}\right)$; au minimum $0^k,140$ par mètre cube d'eau $\left(\frac{1}{7152}\right)$; et en moyenne $0^k,757$ par mètre cube $\left(\frac{1}{1321}\right)$.

Les auteurs concluent de leurs calculs que le débit du Mississipi, à son embouchure, étant par an de 552,123,000,000 mètres cubes (19,500,000,000,000 cubic feet), il jette dans le golfe 368,544,028 tonnes (812,500,000,000 pounds) de matières solides formant un volume de 190,253,642 mètres cubes (1 mille quarré sur 241 feet d'épaisseur) ou de 19,025 hectares sur $1^m,00$ d'épaisseur.

Le fleuve roule en outre sur le fond de son lit 21,235,500 mètres cubes de graviers et de sables (750,000,000 cubic feet ou un mille quarré sur 27 feet d'épaisseur). Ce dernier volume n'a pas été mesuré directement. Il se déduit de l'évaluation de l'accroissement des bancs de l'embouchure. Les barres du Mississipi ont avancé de 79^m,85 (262 feet) par an, de 1838 à 1851. L'âge du Delta du Mississipi serait de 4000 ans, si le régime actuel subsiste depuis cette période d'années.

Les auteurs ont joint à leur travail des coupes transversales des vallées sous-marines voisines de l'embouchure du Mississipi. Ces dessins, accompagnés de sondages, offrent les plus curieuses ressemblances avec les coupes de beaucoup de vallées terrestres et montrent bien comment les terres arables ont pu se déposer par l'action de courants analogues à ceux que nous observons encore aujourd'hui.

Pendant les crues, les eaux du Mississipi se répandent sur de vastes surfaces basses, où elles abandonnent $\frac{1}{18}$ des limons qu'elles charrient, soit environ 10,569,000 mètres cubes par an. Il se produit ainsi un colmatage naturel qui donnera naissance assez rapidement à de vastes plaines d'une extrême fertilité. Il est regrettable que les auteurs que nous citons n'aient pas joint à leur beau travail l'analyse chimique des limons du Mississipi. Ce renseignement eut permis d'utiles comparaisons.

La surface totale du bassin du Mississipi et de ses affluents est, d'après MM. Humphreys et Abbot, de 297,060,887 hect. (1,147,000 milles quarrés) et reçoit 2,233,974,600,000 m. cubes d'eau de pluie (78,900,000,000,000 cubic feet). Le débit moyen étant de 552,123,000,000 mèt. cubes. On voit que le rapport de l'eau écoulée à l'eau tombée est de 0,25.

Des recherches analogues ont été exécutées sur l'Elbe à Geeshacht par M. Hübbe (1), du 21 février 1854 au 31 juillet 1855. L'auteur opérait sur 700 gr. d'eau par jour. La

(1) M. Hübbe : *Ueber die Eigenschaften und das Verhalten des Schlicks, Zeitschrift für Bauwesen von Erbkam. Berlin 1860, Jahrgang 10*, page 491. Je dois à l'obligeance de M. G. Lemoine, ingénieur des ponts et chaussées, la communication d'un extrait de traduction de ce mémoire.

moyenne de 428 observations a donné pour le poids du dépôt 31^{gr},7 par mètre cube d'eau. La plus forte proportion observée a été de 109 gr. par mètre cube, le 19 décembre 1854, et la plus faible proportion de 1^g,6 par mètre cube, le 8 février 1855. Le fleuve charrie la plus forte proportion de limon lorsque les eaux croissent, mais n'ont pas encore débordé. La proportion de limon est peu considérable pendant les basses eaux et pendant les grandes crues, parce que, dans ce dernier cas, le limon se dépose sur la surface des plaines inondées.

M. Hübbe cite des expériences faites à l'embouchure de l'Elbe, à Cuxhaven. On a trouvé que la proportion de matières en suspension était de 201 gr. par mètre cube peu après la basse mer et se réduisait à 170 gr. au moment de la haute mer. D'autres expériences, citées par le même auteur, ont montré que le poids du limon est de 238 gr. par mètre cube à basse mer et 170 gr. à haute mer.

M. Hübbe ne fait pas connaître la composition chimique des limons qu'il a recueillis.

Je pourrais encore citer plusieurs chiffres d'observations isolées faites sur la proportion des troubles contenus dans les eaux. Mais je ne m'arrêterai pas à ces citations de faits isolés, dont il est impossible de conclure le poids annuel des matières entraînées par les fleuves. J'arrive donc aux faits qui font l'objet principal de ce travail et qui se rapportent, comme on l'a déjà dit, au Var, à la Marne et à la Seine.

CHAPITRE II.

LE VAR.

Les expériences sur les eaux du Var ont duré un an, du 1er septembre 1864 au 31 août 1865 (1). Chaque jour on puisait une dizaine de litres d'eau dans le Var, au pont provisoire des carrières de la Gaude. Le puisage des échantillons avait lieu par les soins de M. Vigan, ingénieur des ponts et chaussées à Nice, qui a bien voulu calculer également les débits journaliers du fleuve.

Les tourilles contenant les échantillons d'eau trouble étaient expédiées à Paris au laboratoire. On pesait immédiatement le liquide et on le filtrait à travers deux filtres placés l'un dans l'autre et préalablement ajustés de manière à se faire équilibre dans les plateaux d'une balance d'analyse. Les filtres et leur contenu étaient désséchés dans une étuve à bain-marie à 90° environ et pesés, en les replaçant dans les plateaux mêmes où ils avaient été primitivement équilibrés.

Un appareil très-simple assurait la continuité de la filtration de ces volumes d'eau assez considérables sans qu'on eût à s'en occuper.

Les résultats des observations *journalières* sont consignés dans un tableau détaillé (2) trop étendu pour trouver place ici. On se bornera à présenter la récapitulation mensuelle des résultats obtenus.

(1) Toutes les analyses citées dans ce mémoire de produits examinés après le 1er juin 1865 ont été exécutées sous la direction de M. L. Durand-Claye, ingénieur des ponts et chaussées, appelé à me remplacer au laboratoire de l'Ecole des ponts et chaussées pendant la durée de mes fonctions de commissaire général adjoint de l'Exposition universelle de 1867. Je saisis avec empressement cette occasion de remercier M. L. Durand-Claye de son concours affectueux et dévoué de tous les instants.

(2) Tableau n° 1 joint au mémoire manuscrit. Les tableaux des observations journalières occupent 130 pages. On comprend l'impossibilité de les publier.

TABLEAU N° 1. *Poids du limon entraîné par le Var.*

PÉRIODES des OBSERVATIONS.	DÉBITS correspondants.	NOMBRES des jours d'observation.	POIDS moyen du limon par mètre cube d'eau.	POIDS du limon entraîné pendant la période.	VOLUMES du limon en mètres cubes de 1600 k.
(1)	(2)	(3)	(4)	(5)	(6)
	m. c.		g.	k.	m. c.
Septembre 1864	77760000	30	740.295	57565350	35978
Octobre 1864.......	1539648000	30 (1)	8499.763	13086643554	8179152
Novembre 1864	1399680000	27 (2)	545.851	764016602	477510
Décembre 1864	695520000	16 (3)	270.524	188154706	117596
Janvier 1865	85968000	15 (4)	52.201	4487612	2804
Février 1865	102816000	28	53.228	5472726	3420
Mars 1865	120096000	31	375.215	45061851	28163
Avril 1865	183168000	30	592.697	71929559	44956
Mai 1865	238464000	31	521.412	124337998	77711
Juin 1865	260496000	30	11157.037	2906363607	1816477
Juillet 1865	163296000	30 (5)	1672.908	273179196	170736
Août 1865	87696000	31	2229.914	195554564	122221
Totaux	4954608000	329		17722767325	11076724

(1) L'échantillon du 15 manque.
(2) Les échantillons des 16, 18 et 30 manquent.
(3) (4) Les flacons contenant les échantillons du 16 au 31 décembre et du 1er au 15 janvier ont été brisés en route par la gelée.
(5) L'échantillon du 2 juillet manque.

Le poids moyen du limon entraîné par mètre cube d'eau est d'après ces observations de $\dfrac{17722767325 \text{ k.}}{4954608000 \text{ m.c.}} = 3^k,577$. Les eaux du Var contiennent donc en moyenne par mètre cube deux fois et demi autant de matières solides que les eaux de la Durance. Ce résultat n'a rien qui doive surprendre, quand on se rappelle que la pente du Var, sur une grande partie de son cours, atteint $0^m,005$ par mètre, et que son débit en grandes crues dépasse, dit-on, 140 fois son débit d'étiage.

Dans un cours d'eau torrentiel comme le Var, les variations du poids de limon contenu dans un mètre cube d'eau sont considérables. La plus forte proportion observée a été de 36,617^g,14 par mètre cube d'eau, le 30 juin 1864 ; la plus faible a été de 9^g,15 par mètre cube d'eau, le 9 janvier 1865.

Le poids du mètre cube de limon, déposé et séché à l'air, poids qu'il ne faut pas confondre avec la densité, est environ de 1600 kil. (1).

Le poids total des limons charriés par le Var pendant les 329 jours d'observations consignées dans les tableaux, a été de 17,722,767 tonnes. Pour l'année entière ce poids a été environ de 19,600,000 tonnes. Ce poids de limon formerait un volume de 12,222,000 mètres cubes, qui suffirait à colmater plus de 6000 hectares sur une épaisseur de 0^m,20.

Un petit canal de dérivation d'eau du Var portant seulement 1 mèt. cube d'eau par seconde et convenablement tracé, pourrait colmater par an, sur une épaisseur moyenne de 0^m,50 à 0^m,60, une dizaine d'hectares de terrains stériles et créer par conséquent chaque année une valeur de 30 à 40 mille francs. Les travaux en cours d'exécution permettront d'utiliser à l'avenir une partie des riches alluvions que le Var entraîne aujourd'hui dans la mer.

L'analyse chimique des limons doit toujours accompagner les observations relatives à leur masse. Ces deux ordres de renseignements sont indispensables à toute étude sérieuse du travail des eaux. On trouvera dans les tableaux détaillés tous les éléments des analyses des Limons du Var. Quand le poids de limon recueilli en un jour n'était pas suffisant pour qu'on en fasse l'analyse, on réunissait les limons obtenus pendant une certaine période de jours et on déterminait la composition de ce mélange. J'aurais désiré donner, pour les limons qui font l'objet du présent mémoire, comme pour ceux de la Durance, le dosage du carbone dans chaque échantillon. Malheureusement un grand nombre d'analyses

---

(1) Je n'ai pu déterminer ce poids que sur de très-petits volumes et je n'oserais pas affirmer qu'il est exact.

de carbone ont été mal exécutées et je ne crois pas devoir en publier les résultats.

Le tableau suivant contient le résumé mensuelle des analyses chimiques des limons du Var (1). Les colonnes 1 et 2 sont la reproduction des colonnes 1 et 5 du tableau précédent (page 175).

(1) Les analyses des eaux et les analyses *minérales* des limons ont été exécutées par M. Petrus Blanc avec les soins consciencieux qu'il met à tous ses travaux ; il a apporté à ce travail le zèle et le dévouement dont il ne cesse de me donner des preuves depuis bien des années.

TABLEAU Nº 2. — *Composition des limons entraînés par le Var.*

PÉRIODE DES OBSERVATIONS.	POIDS du limon entraîné pendant la période.	RÉSIDU insoluble dans les acides faibles sur		ALUMINE et peroxyde de fer solubles dans les acides faibles sur		CARBONATE de chaux sur		AZOTE sur		EAU COMBINÉE et matières non dosées sur	
(1)	(2)	100 (3)	Totalité. (4)	100 (5)	Totalité (6)	100 (7)	Totalité. (8)	100 (9)	Totalité. (10)	100 (11)	Totalité. (12)
	k.		k.		k.		k.		k.		k.
Septembre 1864	57565350	52.88	30439626	7.29	4195717	29.97	17254761	0.13	75625	9.73	5599621
Octobre 1864	13086643564	45.52	5957437155	6.05	792582358	39.36	5150939172	0.13	17465196	8.94	1168219683
Novembre 1864	764016602	33.66	257163967	5.61	42850578	52.91	404226991	0.08	608900	7.74	59166166
Décembre 1864	188154706	34.85	65572397	6.09	11458482	47.11	88642361	0.18	349000	11.77	22132466
Janvier 1865	4487612	34.94	1567976	7.85	352059	26.55	1191614	0.47	21178	30.19	1354785
Février 1865	5472726	41.49	2270797	5.36	293358	35.93	1966104	0.40	21934	16.82	920533
Mars 1865	45061851	44.28	19952063	5.03	2266565	35.53	16012023	0.12	56216	15.04	6774984
Avril 1865	71929559	36.38	26171543	5.10	3671549	48.88	35156234	0.18	129255	9.46	6800978
Mai 1865	124337998	45.27	56290799	6.34	7880073	39.81	49494702	0.12	148932	8.46	10523492
Juin 1865	2906363607	48.96	1422973248	4.01	116591511	38.70	1124856190	0.09	2695192	8.24	239247466
Juillet 1865	273179196	50.08	136800750	6.44	17585940	34.70	94790324	0.17	485485	8.61	23516697
Août 1865	195554564	44.59	87196544	7.74	15144917	32.95	64438804	0.18	351701	14.54	28422598
Totaux	17722767335		8063836865		1014873107		7048969280		22408614		1572679469

Les limons du Var contiennent plus du tiers en moyenne de leur poids de carbonate de chaux. Ils entraînent à la mer chaque année 7 à 8 millions de tonnes de ce corps. Leur teneur en azote varie d'un jour à l'autre, mais, en moyenne, ils renferment un peu plus de cet élément que les limons de la Durance. Le Var entraine à la mer chaque année 22 à 23,000 tonnes d'azote.

Outre les matières terreuses que les fleuves entraînent à la mer sous forme de limons insolubles, leurs eaux renferment encore un certain nombre de substances à l'état soluble, dont le poids très-faible dans chaque litre d'eau ne laisse pas de former, à la fin de l'année, un poids considérable. Il a paru intéressant de joindre ce renseignement à ceux que l'on donne ici pour les limons. A cet effet, on analysait l'eau puisée le 1er et le 15 de chaque mois, après l'avoir séparée du limon par la filtration. On a dressé le tableau de toutes ces analyses et on a appliqué la composition de chaque échantillon au volume débité pendant les 7 ou 8 jours précédents ou suivants. Pour abréger, on se bornera à donner ici le tableau des analyses des échantillons recueillis le 16 de chaque mois (sauf pour les échantillons des mois de septembre et d'octobre, dont la composition m'a semblé anormale) et on appliquera cette composition au débit du mois entier. Les résultats ainsi obtenus diffèrent assez peu, d'ailleurs, de ceux fournis par le tableau plus étendu, dressé comme on l'a dit d'abord.

TABLEAU Nº 3. — *Composition et poids des matières*

(1) PÉRIODE des OBSERVATIONS.	(2) DÉBITS corres-pondants.	(3) POIDS TOTAL des matières en dissolution dans		(4) RÉSIDU insoluble dans les acides faibles dans		(5) ALUMINE et peroxyde de fer dans		(6) CHAUX dans	
		1 lit.	Totalité.	1 lit.	Totalité.	1 lit.	Totalité.	1 lit.	Totalité.
	m. c.	g.	k.	g.	k.	g.	k.	g.	k.
Novembre 1864	1398680000	0.252	352718360	0.008	11197440	0.003	4199040	0.084	117573120
Décembre 1864	695520000	0.241	167620320	0.007	4868640	»	»	0.081	56337120
Janvier 1865.........	85908000	0.293	25188824	0.006	515808	0.002	171936	0.096	8252928
Février 1865.........	102816000	0.381	39172896	0.006	616896	0.002	205632	0.121	12440736
Mars 1865...........	120096000	0.409	49119264	0.007	840672	»	»	0.128	15372288
Avril 1865	183169000	0.241	44143488	0.005	915840	»	»	0.076	13930768
Mai 1865...........	238464000	0.226	53892864	0.005	1192320	0.001	238464	0.072	17169408
Juin 1865...........	260496000	0.272	70854912	0.006	1562976	0.001	260496	0.083	21621168
Juillet 1865........	163290000	0.380	62052480	0.003	489888	»	»	0.085	13880160
Août 1865	87690000	0.343	30079728	0.007	613872	»	»	0.099	8681904
Totaux			894843036		22814352		5075568		285249600

Les matières solubles ne forment ici qu'une faible fraction du poids des matières entraînées à l'état solide. On
verra plus loin que dans les cours d'eau peu chargés de limon, au contraire, le poids des matières solubles entraînées
par les eaux peut excéder le poids des matières terreuses
en suspension dans les eaux.

Le tableau précédent ne contient que 269 jours d'observations ; en l'étendant, par une simple proportion, à l'année
entière, on trouve que le Var entraîne à la mer à l'état soluble 1,214,124,252 kilogr. de matières solubles, contenant entre autres substances 387,026,657 k. de chaux et
390,797,866 k. d'acide sulfurique. J'ai fait observer ailleurs

solubles entraînés par le Var.

(7) MAGNÉSIE dans		(8) ALCALIS dans		(9) CHLORE dans		(10) ACIDE sulfurique dans		(11) EAU COMBINÉE et matières organiques. dans		(12) ACIDE carbonique et produits non dosés dans	
1 lit.	Totalité.	1 lit.	Totalité.	1 lit.	Totalité.	1 lit.	Totalité.	1 lit.	Totalité.	1 lit.	Totalité.
g.	k.	g.	k.	g.	k.	g.	k.	g.	k.	g.	k.
0.003	4190040	0.027	37791360	0.010	13906800	0.075	104976000	0.013	18105840	0.029	40590720
0.004	2782080	0.018	12519360	0.006	4173120	0.072	50077440	0.015	10492800	0.038	26429760
0.005	429840	0.030	2579040	0.008	687744	0.078	6705504	0.023	1977264	0.045	3868560
0.003	308448	0.039	4009824	0.009	925344	0.139	14291424	0.022	2281952	0.040	4112640
0.003	360288	0.013	5104128	0.016	1681344	0.154	18494784	0.024	2882304	0.036	4323456
0.004	732672	0.025	4579200	0.005	915840	0.080	14653440	0.021	3846528	0.025	4579200
0.005	1192320	0.025	5961600	0.005	1192320	0.075	17894800	0.016	3815424	0.022	5246208
0.004	1011984	0.027	7033392	0.005	1302480	0.105	27352080	0.023	5091408	0.018	4688928
0.005	846480	0.048	8205248	0.014	2280144	0.130	21228480	0.031	5062176	0.074	12030904
0.001	350784	0.031	2718576	0.011	964656	0.141	12305136	0.035	3060300	0.015	1315440
	12213035		88561728		28125792		288020088		57535056		107298816

que la Sorgue (fontaine de Vaucluse) entraîne par an 241,000 mèt. c. de carbonate de chaux et que l'action continue d'actions de cette nature explique parfaitement la formation des grandes cavernes de certains pays calcaires. La même observation s'appliquerait à plusieurs cours d'eau du département du Var. On conçoit aussi les modifications que l'eau de mer doit éprouver à la longue par l'effet de ces apports continuels de matières solubles.

CHAPITRE III.

LA MARNE.

Les échantillons d'eau de Marne ont été recueillis chaque jour, depuis le 1er novembre 1863 jusqu'au 20 février 1865, par un employé très-soigneux, attaché au service de M. Belgrand, inspecteur général des ponts et chaussées. Le puisage de l'eau avait lieu près de l'entrée du souterrain du canal Saint-Maur, mais trois fois par mois on puisait en même temps de l'eau au milieu de la Marne et à l'entrée du souterrain. Le dosage du limon était fait séparément sur chaque échantillon. Les proportions de matières en suspension trouvées dans les deux échantillons puisés le même jour, sont généralement assez peu différentes l'une de l'autre. Dans les temps de grandes crues extraordinaires, l'eau est un peu plus riche en limon à l'entrée du souterrain qu'en pleine Marne. L'inverse se produit quand les eaux sont peu chargées. Si l'on prend la moyenne arithmétique des trente-quatre observations comparatives faites pendant les 12 mois de l'année 1864, on trouve 31^{gr},25 de troubles par mètre cube d'eau puisée en pleine Marne et 31^{gr},81 par mètre cube d'eau puisée près de l'entrée du souterrain (1). Si l'on prend la série complète des 16 mois d'observation, l'accord est moins satisfaisant, parce que les mois d'hiver se présentent 2 fois; on trouve : 46^{gr},81 pour l'eau du milieu de la Marne et 52^{gr},71 pour l'eau puisée à

____

(1) Ces chiffres expriment la moyenne arithmétique des poids de limon trouvés par mètre cube d'eau. Ils diffèrent de la vraie proportion moyenne de limon, qui sera indiquée plus loin.

l'entrée du souterrain. L'emplacement adopté par le puisage journalier de l'eau, qui était imposé par des circonstances particulières, était donc assez convenable, et les résultats sont peu différents de ceux que l'on eut obtenus, s'il eut été possible de faire chaque jour le puisage en quatre ou cinq points d'un même profil en travers de la rivière.

Les expériences de *jaugeage* de la Marne sont malheureusement peu nombreuses et laissent par conséquent de grands doutes sur leur exactitude. Je me suis servi, pour calculer les débits, répondant à la hauteur de l'eau observée chaque jour à l'échelle, d'une courbe d'interpolation dressée par M. Moquet, ingénieur des ponts et chaussées, qui a bien voulu me la communiquer.

Les détails des observations journalières sont consignés dans un tableau trop long pour être transcrit ici. On se bornera, comme pour le Var, à présenter la récapitulation par mois des observations. Les mois d'hiver, comme on l'a déjà dit, se présentant deux fois dans la période des observations, on mentionnera seulement les totaux et les moyennes relatifs aux douze mois écoulés du 1er novembre 1863 au 31 octobre 1864.

TABLEAU N° 4. — *Poids du limon entraîné par la Marne.*

PÉRIODE des OBSERVATIONS.	DÉBITS correspondants.	NOMBRES des jours d'observation.	POIDS moyen du limon par mètre cube d'eau.	POIDS du limon entraîné pendant la période.	Volumes du limon en mètres cubes de 1600 kil.
	m. c.		g.	k.	m. c.
Novembre 1863	342973360	30	69.558	23860132	14913
Décembre 1863	303068000	27 (1)	152.357	46174655	28859
Janvier 1864........	247285440	28 (2)	61.057	15098589	9137
Février 1864	327499200	29	100.245	32830182	20519
Mars 1864	367286400	30 (3)	106.717	39195654	24497
Avril 1864	201398400	29 (4)	27.798	5598505	3499
Mai 1864...........	83030400	12 (5)	20.197	1677044	1018
Juin 1864	118618560	30	12.510	1483960	927
Juillet 1864........	71678440	30 (6)	8.487	608413	380
Août 1864	54751680	31	7.466	408790	255
Septembre 1864	69439680	30	6.643	461206	288
Octobre 1864........	62562240	31	4.590	287146	179
Totaux des 12 1rs mois	2249591800	337		167684276	104801
Novembre 1864	84628800	30	10.060	851867	532
Décembre 1864	142300800	29 (7)	52.249	7435032	4647
Janvier 1865........	223344000	28 (8)	198.35	44299893	27687
Février 1865........	394820740	17	162.933	64329213	40206
Totaux des 4 drs mois	845094340			116915505	73072

(1) Manquent les observations des 11, 29, 30 et 31 décembre.
(2)   Id.   1, 2 et 3 janvier.
(3)   Id.   1er mars.
(4)   Id.   17 avril.
(5)   Id.   13 au 31 mai.
(6)   Id.   23 juillet.
(7)   Id.   22 et 23 décembre.
(8)   Id.   28, 29 et 31 janvier.

Le poids total du limon charrié par la Marne pendant les 337 jours d'observation écoulés du 1er novembre 1863 au 31 octobre 1864 est de 167,684,276 kil. pour un débit 2,249,591,800 mètres cubes, soit en moyenne 74^{gr},539 par mètre cube.

Le poids total entraîné pendant l'année, calculé par une simple proportion, est donc de 181,619 tonnes environ.

Les quatre derniers mois d'observation fournissent des chiffres plus élevés. Il a été entraîné 116,915,505 kil. de limon pour un débit de 845,094,340 mètres cubes d'eau. La proportion moyenne de limon pendant cette dernière période a donc été de 138 grammes par mètre cube.

La plus faible proportion de trouble observée dans l'eau de la Marne a été de 2 grammes par mètre cube de liquide le 6 octobre 1864. La plus forte proportion a été de 515^{gr},75 par mètre cube le 4 décembre 1863.

Les agents du service de la navigation de la Marne ajoutent au tableau des hauteurs observées aux échelles l'état de limpidité du liquide. Ces indications, on le conçoit, ne peuvent pas être bien précises. Cependant M. G. Lemoine, ingénieur des ponts et chaussées, qui a fait, à ce point de vue, le dépouillement de mes tableaux, a trouvé que la désignation d'*eau claire* répond à moins de 15 gr. de limon par mètre cube; au-dessus de cette proportion, les eaux sont *louches* ou *troubles*.

Le poids moyen de limon contenu dans 1 mètre cube d'eau de la Marne n'atteint pas la cinquantième partie de la quantité de limon contenue dans un mètre cube d'eau du Var. Ce simple rapprochement établit bien nettement la différence qui existe, sous ce rapport, entre les cours d'eau tranquilles et les cours d'eau torrentiels.

Le volume total du limon transporté chaque année par la Marne est environ de 105,000 mètres cubes. Ce volume relativement peu considérable suffirait cependant au limonage de surfaces étendues, en raison de sa richesse en matières fertilisantes.

La composition chimique du limon de la Marne varie beaucoup d'une époque à l'autre. La proportion de carbonate de chaux, par exemple, peut passer de 7,41 à 38,13 p. 0/0, selon le point du bassin où la crue prend naissance.

La proportion de limon étant souvent très-faible, il a fallu réunir quelquefois les limons d'un grand nombre de jours d'observation pour obtenir un échantillon suffisamment abondant pour l'analyse. Pendant les 16 mois d'observation, on a pu former 43 échantillons, qui ont été analysés séparément. Pour abréger, on ne reproduira pas ce long tableau détaillé et on donnera seulement les résultats groupés par mois entiers pour les treize premiers mois d'observations.

Les limons de la Marne sont très-riches en matières organiques et contiennent une forte proportion d'azote. Malheureusement les dosages de carbone m'inspirent des doutes, et je n'ose pas les faire entrer dans le tableau suivant.

TABLEAU N° 5. — *Tableau de la composition du limon entraîné par la Marne.*

PÉRIODE DES OBSERVATIONS.	POIDS du limon entraîné pendant la période.	RÉSIDU insoluble dans les acides faibles sur		ALUMINE et peroxyde de fer solubles dans les acides faibles sur		CARBONATE de chaux sur		AZOTE sur		EAU COMBINÉE et matières non dosées. sur	
		100	Totalité.	100	Totalité.	100	Totalité.	100	Totalité.	100	Totalité.
	k.		k.		k.		k.		k.		k.
Du 1er au 30 novembre 1863 . . .	23860132	29.86	7124209	9.51	2268160	34.16	8151366	0.53	127906	25.94	6188491
Du 1er au 30 décembre 1863 . . .	46174655	42.40	19577528	11.05	5103203	16.36	7554452	0.59	273624	29.60	13665848
Du 1er au 31 janvier 1864	15098589	36.97	5582517	7.87	1188811	27.83	4201408	0.98	148263	26.35	3977590
Du 1er au 29 février 1864	32830182	39.38	12929655	11.40	3741840	28.04	9206781	0.71	232850	20.47	6719056
Du 1er au 31 mars 1864	39195654	41.92	16430093	10.37	4063563	26.61	10431654	0.42	165346	20.68	8104998
Du 1er avril au 30 juin 1864 . .	8759509	30.85	2702309	6.23	545717	28.16	2466678	0.41	35914	34.35	3008891
Du 1er juillet au 30 novembre . .	2616922	25.97	679615	5.55	145239	19.83	518936	0.64	16748	48.01	1256384
	168535643		65025926		17056533		42531275		1000651		42921258

Les limons de la Marne ont donc entraîné en 13 mois 42,531,275 kil. de carbonate de chaux et 1,000,651 kil. d'azote, ou par une année environ 39,260 tonnes de carbonate de chaux et 924 tonnes d'azote.

On a fait, pendant la durée des observations, douze analyses des eaux de la Marne séparées de leur limon par la filtration. Les résultats de ces analyses sont réunis dans le tableau suivant.

TABLEAU N° 6. — *Composition et poids des*

PÉRIODE des observations et DATES de puisage des échantillons analysés.	DÉBITS corres- pondants.	POIDS TOTAL des matières dissoutes dans		RÉSIDU insoluble dans les acides faibles dans		ALUMINE et peroxyde de fer dans		CHAUX dans	
		1 lit.	Totalité.	1 lit.	Totalité.	1 lit.	Totalité.	1 lit.	Totalité.
	m. c.	g.	k.	g.	k.	g.	k.	g.	k.
Janvier 1864. 11 ...	247285440	0.235	58112078	0.007	1730998	»	»	0.106	26212257
Mars 1864. 19	367286400	0.246	90352454	0.007	2571005	»	»	0.105	38565072
Mai 1864. 13	83030400	0.217	18017596	0.003	249091	0.001	83030	0.091	7555767
Juin 1864. 19	118618560	0.241	28587073	0.007	830330	0.002	237237	0.005	11268763
Juillet 1864. 19	71678440	0.215	15410865	0.009	645106	0.002	143357	0.086	6164346
Août 1864. 19	54751680	0.239	13085651	0.008	438013	0.001	54752	0.091	4982403
Septembre 1864. 19.	69439680	0.254	17637670	0.007	486078	0.002	138870	0.097	6735649
Octobre 1864. 19 ...	62562240	0.249	15577998	0.005	312811	»	»	0.100	6256224
Novembre 1864. 19.	84628800	0.284	24034579	0.008	677030	0.001	84628	0.105	8886025
Décembre 1864. 19.	142300800	0.256	36429005	0.007	996106	0.005	711504	0.102	14514682
Janvier 1865. 19 ...	223344000	0.250	55836000	»	»	»	»	»	»
Février 1865. 19 ...	394820740	0.262	103442034	0.005	1974104	0.002	789641	0.118	44614744
	1919747180		476524012		10910672		2243028		175755932

Le poids des matières en dissolution dans les eaux de la Marne pendant les douze mois portés au tableau a donc été de 476,524,012 kil. Si l'on ajoute ce poids de matières en dissolution au poids des matières en suspension, on voit que la Marne charrie par an environ 645,060 tonne de matières solides. Dans cet exemple, le poids moyen des matières solides en dissolution excède celui des matières solides en suspension.

matières solubles entraînées par la Marne.

MAGNÉSIE dans		ALCALIS dans		CHLORE dans		ACIDE sulfurique dans		EAU COMBINÉE et matières organiques dans		ACIDE carbonique et produits non dosés dans	
1 lit.	Totalité.	1 lit.	Totalité.	1 lit.	Totalité.	1 lit.	Totalité.	1 lit.	Totalité.	1 lit.	Totalité.
g.	k.	g.	k.	g.	k.	g.	k.	g.	k.	g.	k.
0.009	2225569	0.008	1978283	0.002	494571	0.006	1483713	0.005	1236427	0.092	22750260
0.008	2938291	0.006	2203718	0.002	784573	0.018	6611155	0.013	4774723	0.087	31953917
0.008	664243	0.011	913334	0.003	249001	0.015	1245456	0.012	996365	0.073	6061210
0.018	2135134	0.013	1542041	0.002	237237	0.019	2253753	0.014	1060660	0.071	8421918
0.005	358392	0.016	1146855	0.006	430071	0.031	2222032	0.004	286713	0.056	4013093
0.008	438013	0.022	1204537	0.003	164255	0.034	1861557	0.006	328510	0.066	3613611
0.010	694397	0.016	1111035	0.004	277759	0.026	1805432	0.023	1597112	0.069	4791338
0.010	625622	0.012	750747	0.004	250249	0.028	1751743	0.008	500498	0.082	5130104
0.009	761660	0.017	1438089	0.004	338515	0.028	2369607	0.032	2708121	0.080	6770304
0.007	996106	0.026	3699820	0.003	426902	0.017	2419114	0.014	1992211	0.075	10672560
»	»	»	»	»	»	»	»	»	»	»	»
0.010	3948207	0.013	5132670	0.004	1579283	0.017	6711953	0.018	7106773	0.030	31585659
	15785634		21121729		5182506		30735515		23188113		135764883

CHAPITRE IV.

Les eaux de Seine qui ont servi aux expériences étaient puisées à Port à l'anglais, en amont de l'embouchure de la Marne, par les soins du service de M. Belgrand, inspecteur général des ponts et chaussées. Les expériences ont été régulièrement poursuivies du 1er novembre 1863 au 31 octobre 1866, c'est-à-dire pendant trois années entières. C'est la série la plus longue et la plus complète d'observations de cette nature qui existe à ma connaissance. Le tableau de la page précédente renferme le résumé mensuel des observations journalières, trop longues à reproduire ici.

Les jaugeages de la Seine sont, comme ceux de la Marne, très-peu nombreux. Divers motifs inutiles à exposer rendent pour ainsi dire impossibles des opérations de jaugeages exactes sur la Seine près de Paris. Après avoir inutilement cherché une méthode plus satisfaisante pour calculer les débits de la Seine à Port à l'anglais, je me suis borné à calculer le débit à Melun et à lui ajouter deux mètres cubes pour tenir compte des affluents de la Seine entre Melun et Paris, affluents d'un cours assez régulier et dont les crues sont insignifiantes comparées à celles de la Seine. Le tableau des observations journalières des hauteurs de l'eau à l'échelle de Melun et la formule des débits en fonction de ces hauteurs m'ont été donnés par M. Boulé, ingénieur des ponts et chaussées. Je lui adresse ici tous mes remercîments pour son obligeance et son empressement à me communiquer les résultats de ses observations sur le débit de la Seine. Les chiffres des débits de la Seine, sans être d'une précision impossible à atteindre, sont suffisamment exacts pour l'objet qui nous occupe.

TABLEAU N° 7. — *Poids du limon entraîné par la Seine.*

PÉRIODES des OBSERVATIONS.	DÉBITS correspondants.	NOMBRES de jours d'observation.	POIDS moyen du limon par mètre cube d'eau.	POIDS du limon entraîné pendant la période.	VOLUME du limon en mètres cubes de 1000 k.
	m. c.		g.	k.	m. c.
Novembre 1863.....	619574400	30	46.409	28753675	17971
Décembre 1863.....	518745400	25 (1)	48.721	25273776	15796
Janvier 1864	453385800	29 (2)	18.313	8303095	5189
Février 1864	424656000	29	9.632	4090319	2557
Mars 1864	630547200	31	26.689	16828777	10518
Avril 1864.........	420940800	30	7.345	3091722	1932
Mai 1864	315838400	31	7.679	2425596	1516
Juin 1864	380764900	30	8.193	3119746	1950
Juillet 1864	260754400	31	4.830	1259553	787
Août 1864..........	170812800	31	3.530	602901	377
Septembre 1864	190684800	29 (3)	6.071	1157578	723
Octobre 1864	183168000	30 (4)	3.935	720694	450
Novembre 1864	221443200	29 (5)	15.192	3364292	2103
Décembre 1864.....	286588800	31	20.364	5836164	3648
Janvier 1865	429235200	31	114.545	49166835	30729
Février 1865	962150400	28	60.523	58232965	36396
Mars 1865	906886600	31	26.129	23696403	14810
Avril 1865	440899200	30	12.900	5687666	3555
Mai 1865	305856000	31	9.837	3008734	1880
Juin 1865	236303800	29 (6)	5.256	1242110	776
Juillet 1865	455241600	29 (7)	7.885	3589717	2244
Août 1865	387244800	29 (8)	6.853	2653854	1659
Septembre 1865	337392000	28 (9)	5.982	2018249	1261
Octobre 1865	340243200	28 (10)	6.339	2156818	1348
Novembre 1865.....	236476800	30	16.554	3914695	2447
Décembre 1865.....	265161600	31	18.249	4838998	3024
Janvier 1866	400117800	29 (11)	49.976	19996354	12498
Février 1866	805161600	27 (12)	82.141	66136593	41335
Mars 1866	1035763200	31	81.207	84111216	52570
Avril 1866	908236800	30	37.083	33680115	21050
Mai 1866	538099200	31	11.188	6017636	3761
Juin 1866	359609600	30	19.846	7136672	4461
Juillet 1866	410659200	31	9.391	3856692	2410
Août 1866..........	708134400	30 (13)	58.125	41160625	25725
Septembre 1866	656380800	28 (14)	129.861	85238418	53274
Octobre 1866.......	743115600	29 (15)	14.829	11020061	6887
	16946274300			623389314	389617

(1) Manquent du 26 au 31.	(6) Manque le 30.	(11) Manquent le 17 et 18.
(2) Id. le 1er et le 2.	(7) Manquent le 17 et 18.	(12) Manque le 27.
(3) Manque le 6.	(8) Id. le 13 et 17.	(13) Id. le 27.
(4) Id. le 17.	(9) Id. le 7 et 15.	(14) Manquent le 29 et 30.
(5) Id. le 11.	(10) Id. le 21, 22 et 23.	(15) Id. le 5 et 17.

Le poids moyen du limon contenu dans un mètre cube d'eau de Seine, déduit de cette longue série d'observations, est de 39^{gr},663. Le poids le plus faible obtenu a été de 1^{gr},35 par mètre cube d'eau, le 28 juillet 1864, et le poids le plus fort de 2738^{gr},20 par mètre cube, le 24 septembre 1866. Ce chiffre me paraît excessivement élevé, et je ne le cite qu'avec réserve. Mais on a trouvé plusieurs fois plus de 500 grammes de limon par mètre cube d'eau, et, en particulier, le 17 août 1866, le poids de matières en suspension s'est élevé à 626^{gr},12 par mètre cube de liquide.

Les eaux notées comme claires, par le service de la Seine, ne paraissent pas contenir plus de 10 grammes de limon par mètre cube.

Le poids total de limon charrié a été de 207,463 tonnes par année moyenne, représentant un volume de 129,600 mètres cubes environ. Mais ce poids varie beaucoup d'une année à l'autre. Il n'a été que de 95,627 tonnes du 1er novembre 1863 au 31 octobre 1864.

La composition chimique du limon de la Seine est moins variable que celle du limon de la Marne. Cependant la proportion de carbonate de chaux varie de 12,55 à 33,45 p. 0/0. La proportion moyenne d'azote est un peu plus forte que dans les limons de la Marne.

La faible proportion de matière recueillie chaque jour a obligé, presque sans exception, à réunir les limons d'un assez grand nombre de puisages pour former des échantillons suffisants à l'analyse. Il a été fait pendant la période des observations trente analyses différentes. Pour diminuer l'étendue du tableau où sont consignées ces analyses, on donnera seulement ici (page suivante) le résumé par mois ou par groupe de mois de ces analyses.

Dans la période considérée, la Seine a entraîné 145,483 tonnes de carbonate de chaux et 3327 tonnes d'azote. Ces limons, comme ceux de la Marne, sont en général fort riches en carbone.

TABLEAU N° 8. — *Composition des limons entraînés par la Seine.*

PÉRIODE DES OBSERVATIONS.	POIDS du limon entraîné pendant la période.	RÉSIDU insoluble dans les acides faibles sur		ALUMINE et peroxyde de fer solubles dans les acides faibles sur		CARBONATE de chaux sur		AZOTE sur		EAU COMBINÉE et matières non dosées sur	
		100	Totalité.	100	Totalité.	100	Totalité.	100	Totalité.	100	Totalité.
Novembre 1863	28753675	22.05	6340156	13.90	3998171	25.54	7342983	0.60	172019	37.91	10900346
Décembre 1863	25273776	33.01	8342873	16.52	4175228	12.97	3278009	0.46	116259	37.04	9361407
Janvier et février 1864	12393414	29.56	3663493	9.02	1117886	15.82	1960638	0.46	57010	45.14	5594387
Mars 1864	16828777	17.64	2968596	12.48	2100231	17.64	2968596	0.65	109387	51.59	8681967
Avril à juin 1864	8637064	21.87	1888926	3.88	335118	9.84	849887	0.82	70824	63.59	5492309
Juillet à novembre 1864	7105018	21.79	1548183	6.97	495220	22.46	1595787	0.91	64656	47.87	3401172
Décembre 1864	5836164	15.40	898769	8.82	514750	31.14	1817382	0.49	28597	44.15	2576666
Janvier 1865	49166835	29.69	14600408	11.02	5416357	27.46	13502792	0.42	206270	31.41	15441008
Février 1865	58232965	24.73	14400165	13.64	7944248	25.22	14686749	0.48	278771	35.93	20923032
Mars 1865	23696403	15.25	3613702	9.11	2158742	29.68	7033092	0.56	132700	45.40	10758167
Avril et mai 1865	8696400	42.06	3657706	13.00	1130532	12.55	1091398	(1)	»	32.39	2816764
Juin à août 1865	7485681	15.97	1195464	7.52	562923	20.26	1516599	0.94	70365	55.31	4140330
Septembre à décembre 1865	12928760	14.28	1846227	8.24	1065330	19.13	2473272	0.85	109894	57.50	7434037
Janvier et février 1866	86132947	23.68	20400215	11.60	9988166	25.55	22005165	0.59	509325	38.58	33230076
Mars à mai 1866	123808967	22.63	28017924	9.12	11291841	27.45	33986074	0.54	673482	40.26	49839646
Juin à août 1866	52153989	20.92	10911248	7.19	3749988	29.46	15364330	0.43	223972	42.00	21904451
Septembre et octobre 1866	96258479	34.37	33082086	7.42	7142241	14.55	14010158	0.52	503125	43.14	41520869
Totaux	623389314		157376141		63186972		145482911		3326656		254016634

(1) Analyse incertaine.

On a fait pendant la durée des observations trente-deux analyses de l'eau de Seine séparée par la filtration des limons qu'elle contenait. Ces analyses forment une série continue pour les deux années écoulées du 1er novembre 1864 au 31 octobre 1866 ; elles sont réunies dans le tableau suivant :

TABLEAU N° 9. — *Poids et composition des*

PÉRIODES des observations et dates de puisage des échantillons analysés.	DÉBITS correspondants.	POIDS TOTAL des matières dissoutes dans		RÉSIDU insoluble dans les acides faibles dans		ALUMINE et peroxyde de fer. dans		CHAUX dans	
	mc.	1 lit. g.	Totalité. k.	1 lit. g.	Totalité. k.	1 lit. g.	Totalité. k.	1 lit. g.	Totalité. k.
Novembre 1864 19.	221443200	0.218	48274617	0.005	1328659	0.001	221443	0.092	20372774
Décembre 1864 19.	288588800	0.225	64482480	0.007	2006122	0.002	573178	0.096	27512525
Janvier 1865 10 ...	429235200	0.209	89740157	0.008	3433882	0.003	1287706	0.089	38201933
Février 1865 10 ...	962150400	0.241	231878246	0.007	6735053	0.002	1924301	0.100	96215040
Mars 1865 20	908886600	0.220	199515052	0.004	3627546	0.001	908887	0.099	89781773
Avril 1865 19	440899200	0.214	94352429	0.005	2204496	»	»	0.095	41885424
Mai 1865 19	305856000	0.195	59541920	0.006	1835136	0.001	305856	0.075	22939200
Juin 1865 19	236303800	0.199	47024456	0.005	1181519	0.001	236304	0.078	18431696
Juillet 1865 19	455241600	0.198	90137837	0.008	3641933	0.001	455242	0.082	37329811
Août 1865 19	387244800	0.185	71640288	0.006	2323460	»	»	0.081	31366829
Septembre 1865 19.	337392000	0.215	72539280	0.008	2699136	»	»	0.091	30702672
Octobre 1865 19...	340243200	0.231	78596170	0.007	2381702	0.003	1020730	0.111	37766995
Novembre 1865 19	236476800	0.228	53916740	0.006	1418861	0.001	236477	0.096	22701773
Décembre 1865 19.	265161600	0.205	54358128	0.006	1590070	»	»	0.092	24394867
Janvier 1866 20 ...	400117800	0.220	88025916	0.004	1600471	0.003	1200353	0.098	39211544
Février 1866 20 ...	805161600	0.200	161032320	0.007	5636131	0.003	2415485	0.087	70049059
Mars 1866 20	1035763200	0.200	216474508	0.005	5178816	0.001	1035763	0.093	96325077
Avril 1866 19	908236800	0.240	190729728	0.006	5449421	0.002	1816474	0.093	84466022
Mai 1866 19	538099200	0.205	110310236	0.004	2152397	0.002	1076198	0.092	49505126
Juin 1866 19	359609600	0.189	67966214	0.008	2876877	0.002	719219	0.083	29847597
Juillet 1866 19	410650200	0.203	83363817	0.006	2463055	0.001	410659	0.091	37369987
Août 1866 19	703134400	0.189	133837401	0.008	5665075	»	»	0.077	54526349
Septembre 1866 21.	656380800	0.208	136527206	0.007	4594666	0.001	656381	0.092	60387034
Octobre 1866 19...	743145600	0.278	206586136	0.009	6688040	0.002	1480231	0.124	92146934
	12376404400		2650921361		78744033		17084857		1153438341

Le poids total des matières solubles entraînées par la Seine a été de 2,650,924,361 kil. en deux ans, ou de 1,325,460,680 kil. en une année moyenne.

Si l'on ajoute le poids des limons charriés par la Seine, considérée au-dessus de Paris, au poids des matières solubles, on trouve que le poids total entraîné est de 4,532,924 tonnes. Si, à ce dernier chiffre, on ajoute le chiffre analogue trouvé pour la Marne, on reconnaîtra que la Seine, à Paris, entraîne sous nos yeux, chaque année et sans qu'on le remarque, pour ainsi dire, 2,177,984 tonnes de matières solides, poids à peu près égal à celui de la totalité des marchandises transportées sur le fleuve à Paris.

Les limons charriés par la Seine et en partie déposés dans la partie inférieure du lit ont été utilisés depuis quel-

matières solubles entraînées par la Seine.

MAGNÉSIE dans		ALCALIS dans		CHLORE dans		ACIDE sulfurique dans		EAU COMBINÉE et matières organiques. dans		ACIDE carbonique et produits non-dosés dans	
1 lit.	Totalité.	1 lit.	Totalité.	1 lit.	Totalité.	1 lit.	Totalité.	1 lit.	Totalité.	1 lit.	Totalité.
k.		k.		k.		k.		k.		k.	
0.008	1771546	0.007	1550102	0.003	664330	0.010	2214432	0.016	3543091	0.075	16608240
0.004	1146355	0.012	3439066	0.005	1432944	0.008	2292710	0.012	3439065	0.079	22640515
0.005	2146176	0.009	3863117	0.003	1287705	0.006	2575411	0.012	5150822	0.074	31763405
0.009	8059354	0.004	3848601	0.005	4810752	0.010	9621504	0.021	20205158	0.083	79858483
0.005	4534433	0.006	5441320	0.003	2720660	0.009	8161979	0.011	9975753	0.082	74364701
0.010	4408992	0.011	4849891	0.003	1322698	0.008	3527194	0.015	6613488	0.067	20540746
0.007	2140992	0.008	2446848	0.004	1223424	0.010	3058560	0.010	3058560	0.074	22633344
0.009	2126734	0.009	2126734	0.004	945215	0.010	2363038	0.011	2599342	0.072	17013874
0.007	3486691	0.010	4552416	0.006	2734449	0.013	5918141	0.011	5007658	0.060	27314496
0.004	1548979	0.011	4259693	0.007	2710713	0.012	4646938	0.012	4646938	0.052	20136728
0.003	1012176	0.011	3714312	0.004	1349568	0.018	6073056	0.011	3711312	0.069	23280048
0.009	8062189	0.012	4082918	0.005	1701216	0.015	5103648	0.016	5443891	0.053	18032890
0.006	1418861	0.008	1891814	0.004	945907	0.011	2601245	0.016	3783628	0.080	18918144
0.007	1856131	0.008	2121293	0.005	1325808	0.010	2654616	0.012	3484939	0.085	17235504
0.007	2800825	0.009	3601060	0.007	2800825	0.011	4401296	0.024	9602827	0.057	22806715
0.003	2415485	0.008	6441293	0.002	1610323	0.013	10467101	0.013	10467101	0.064	51530342
0.006	6214570	0.009	9321869	0.004	4143053	0.009	9321869	0.015	15536448	0.067	69396134
0.007	6957658	0.007	6357658	0.003	2724710	0.008	7205894	0.014	12715315	0.070	63576570
0.006	3228595	0.009	4842893	0.003	1614298	0.011	5919091	0.019	10223885	0.059	31747853
0.005	1798048	0.008	2876877	0.005	1798048	0.009	3236486	0.014	5034534	0.055	19778528
0.001	410659	0.009	3695933	0.006	2463955	0.010	4406592	0.012	4927910	0.067	27514416
0.007	4956941	0.005	4248800	0.005	3540672	0.007	4956941	0.018	12746419	0.064	43196498
0.004	2625523	0.009	5907427	0.003	1069442	0.010	6563808	0.015	9845712	0.067	43977513
0.006	4458694	0.008	5944925	0.003	2229347	0.012	8917387	0.016	11889849	0.098	72825329
	74286610		101423866		50066702		125965837		183350645		865689974

ques années. Les endiguements submersibles de la basse Seine ont donné naissance sur les deux rives à de vastes surfaces colmatées. Cette belle opération, outre ses avantages pour la navigation, a déjà déterminé la formation d'une étendue de 8600 hectares d'excellents herbages, valant aujourd'hui plus de 20,000,000 fr., là où, il y a quelques années, n'existait que le lit mobile et vaseux de la Seine. Cet exemple, l'un des plus intéressants que l'on puisse citer, montre bien tout ce que l'on pourrait attendre en France de travaux de colmatage préparés avec prévoyance et sagement dirigés.

Quand on aura déterminé la quantité de troubles apportés à la Seine par l'Oise et les autres affluents de la Seine au-dessous de Paris, il sera facile de se rendre compte du volume total de limons charriés à la mer chaque année par le fleuve qui nous occupe.

CHAPITRE V.

RÉSUMÉ.

La Durance, le Var, la Marne et la Seine au-dessus de
Paris transportent chaque année à la mer 23,533,000
mètres cubes d'alluvions les plus fertiles. On comprend,
par ce premier résultat, quel est l'énorme volume de terre
arable entraînée par l'ensemble des fleuves d'un continent
tout entier, et l'on conçoit l'intérêt de l'examen de la proportion et de la nature des limons charriés par les eaux
pour les études de géologie et de physique du globe.

L'observation des phénomènes d'entraînement et de dépôt des matières terreuses, soit dans les plaines submersibles, soit au fond de la mer, près des embouchures,
permet de se rendre compte de la formation antérieure de la
plupart des terres végétales que l'on cultive aujourd'hui,
par l'action de forces analogues à celles qui agissent de
nos jours et sans l'intervention de ces courants violents,
souvent affirmés, mais si difficiles à concilier avec le dépôt
lent et régulier des particules si ténues et si facilement
entraînables qui constituent la terre végétale.

La connaissance du volume et de la nature des limons
entraînés par les rivières et par les fleuves offre beaucoup
d'intérêt pratique pour les travaux d'hydraulique agricole.
Les grands colmatages de l'Italie, les travaux de la basse
Seine, les limonages du Var, de l'Isère, de Vaucluse, etc.,
montrent tout le profit que l'agriculture peut retirer d'opérations de cette espèce.

Le colmatage des étangs du littoral de la Méditerranée,
des terres arides du Midi et de beaucoup d'autres localités
offrent à l'art de l'ingénieur agricole de nombreuses et

importantes applications. Les landes de Gascogne elles-mêmes deviendront fertiles, un jour, par le dépôt d'une couche épaisse de limons naturels. Je n'ai pas encore pu déterminer le volume de limon charrié par la Garonne, mais il est certainement assez grand pour recouvrir, avec le temps, -la surface des landes d'une couche épaisse de terre végétale la plus fertile. Un canal dérivé du fleuve, en un point de son cours suffisamment élevé, amènerait les eaux troubles à la surface des sables des Landes et réaliserait assez rapidement une transformation merveilleuse de ce pays déshérité.

En résumé, les cours d'eau, comme d'infatigables terrassiers, enlèvent sans cesse aux continents d'énormes volumes des terres les plus fertiles pour les jeter dans la profondeur des mers. Il importe à la science d'étudier le jeu de ces grandes forces; il importe à l'agriculture de détourner à son profit cet immense labeur des eaux en l'utilisant au colmatage et au limonage de nos terres arables.

EXPÉRIENCES SUR LES EAUX D'IRRIGATION, PAR M. HERVÉ-MANGON.
B. Fig. 6. Prairie de Ambanvrupt. (Vosges)
B. Fig. 5. Prairie de S.t Dié. (Vosges)
C. Fig. 7. Tube de Pitot perfectionné par M. Darcy.
Fig. 8. Tube de Pitot perfectionné en expérience sur un rayon de largeur.
Rivière
Meurthe
Canal de Flottage
Canal de décharge
Bief des Grands Moulins
Barrage à pertuis
A. Fig. 1. Prairie de Taillades. (Vaucluse)
A. Fig. 2. Luzerne de Taillades. (Vaucluse)
A. Fig. 3. Jardin de Taillades. (Vaucluse)
A. Fig. 4. Prairie de l'Isle. (Vaucluse)
C. Fig. 9. Burettes.
B. Echelle de 0.m 05 pour 1 mètre.
A. Echelle de 0.m 05 pour 1 mètre.
C. Echelle de n.º 1 pour 1 mètre.

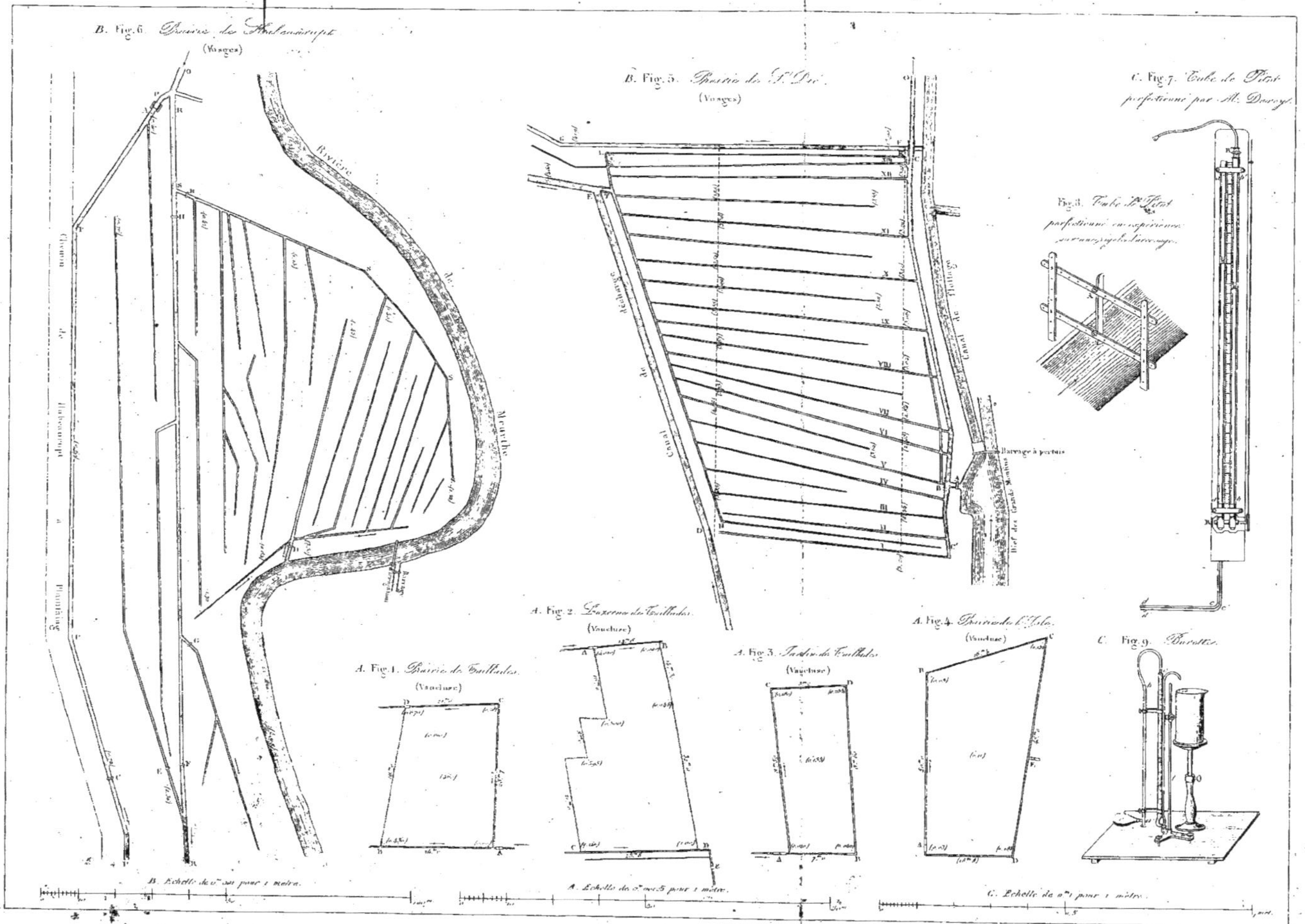

www.ingramcontent.com/pod-product-compliance
Ingram Content Group UK Ltd.
Pitfield, Milton Keynes, MK11 3LW, UK
UKHW022216120726
13694UKWH00002B/573